宇宙奥秘解码

天外来客的踪迹扫描
外星智人搜索

韩德金 编著

中国出版集团
现代出版社

前言 Preface

神舟九号圆满完成载人空间交会对接，嫦娥三号即将实现月球表面探测，萤火号启动我国火星探测计划……我们乘坐宇宙飞船遨游太空的时候就要到了！你准备好了吗？

21世纪的曙光刚刚揭开天幕，一场太空探索热潮在全球掀起。一个个云遮雾绕的宇宙未解之谜披着神秘的面纱，激起我们遥望宇宙这个布满星座黑洞的魔幻大迷宫，探求走向太空熠熠闪烁的道路。

太空将是我们人类世界争夺的最后一块"大陆"。走向太空，开发宇宙，是我们未来科学发展的主要方向，也是我们未来涉足远行的主要道路。因此，感知宇宙，了解太空，是我们走向太空的第一步。

宇宙展示包括地球及其他一切天体周围的无限空间，太空则展示地球大气层外层空间，直至宇宙的各个领域。发现天机，破解谜团，这是时代发展的需要，也是提升我们素质的良机。

我们在向太空发展的同时，也在不断挖掘地球的潜力，不断向大海、地底等处深入发展。我国载人深潜器"蛟龙"号再创载人深潜纪录，海底发现可满足人类千年能源需求的可燃冰，等等，这都说明我们探索地球的巨大收获。

从太空到地球，宇宙的奥秘是无穷的，人类的探索是无限的。我们只有不断拓展更加广阔的生存空间，破解更多的奥秘谜团，看清茫茫宇宙，才能使之造福于我们人类，促进现代文明。

为了激励广大读者认识和探索整个宇宙的科学奥秘，普及科学知识，我们根据中外最新研究成果，特别编辑了本书，主要包括宇宙、太空、星球、飞碟、外星人、地球、地理、海洋、名胜、史前文明等存在的奥秘现象、未解之谜和科学探索新发现诸多内容，具有很强的系统性、科学性、前沿性和新奇性。

本套系列丛书知识面广、内容精炼、图文并茂，装帧精美，非常适合广大读者阅读和收藏。广大读者在兴味盎然地领略宇宙奥秘现象的同时，能够加深思考，启迪智慧，开阔视野，增加知识，能够正确了解和认识宇宙，激发求知欲望和探索精神，激起热爱科学和追求科学的热情，掌握开启宇宙的金钥匙，使我们真正成为宇宙的主人，不断推进人类向前发展。

目录 Contents

奇特的遭遇

回不了家的外星人	2
美国出现黑衣外星人	9
山谷内奇遇外星人	14
农民奇遇外星人	22
地球人受邀去飞碟做客	30
外星人馈赠的见面礼	40
法国神秘的黑影外星人	42
科西嘉岛上的外星人	50

神秘的来客

外星人拜会秦始皇　　　58
苏联的外星来客　　　　64
外星人拜会美国总统　　70
外星人频繁光顾意大利　78
外星人给地球人作检查　86
外星人多次访问美国　　94
外星人频繁光顾法国　　100
外星人与地球人的姻缘　104

难解的奥秘

玛雅人是外星人吗　　　　112
水晶头骨是外星人造的吗　116
金字塔是外星人所建吗　　120
复活节岛上的奇怪石雕　　124
麦田怪圈与外星人有关吗　128

不懈的探索

地球上真有外星人吗　　　136
外星人在地球上隐居　　　140
外星人不愿接触地球人　　142
外星人抹去地球人记忆　　146
神秘信号是外星人发的吗　150
英国有位外星人磁铁　　　152

奇特的遭遇

在世界各地,外星人的报道时常见诸于报端,有很多人声称见过飞碟,他们有的说受到过外星人的攻击,有的说被请进飞碟做过客,还有的人说受到过外星人的帮助,甚至还有很多人拍到了各种各样的有关飞碟的照片。这一切到底是真是假,外星人真的存在吗?

回不了家的外星人

外星人尸体照片

外星人频频来访地球,其中一些宇宙飞船意外失事,坠落在一些偏僻的地方,而飞船上的外星人再也回不到自己的家了。美国著名的UFO研究专家威涵博士得到许多情报,揭露了美国当局保密多年的奇案。

威涵称:美国和墨西哥的秘密档案中有很多飞碟失事记录,他们搜集了1.5万份政府公文,从这些公文中得知,在美国境内最少发生过两次外来宇宙飞船失事的事件。

美国政府否认掌握这些材料,但美军退职人员和几位曾经检验外星人遗体的验尸官证明,他们曾目睹这些外星人的尸体。

威涵说:"我们得到一批由美国海军摄影官员拍摄的外星人尸体的照片,照片的底片经两家有声誉的摄影公司验证,证实不是仿制品,年代属实,没有涂改、叠影、缩影等迹象。"

威涵在电视上展示了这批外星人尸体的照片,1948年7月的某夜,美国空军雷达网发现了一个高速飞行的不明物体，于是开始追踪，后来看到这个不明物体坠落在德克萨斯州拉列多镇以南30千米的墨西哥境内。

墨西哥政府立即派军队封锁了现场，并报告了美国政府。美国政府立即派了一批官员和专家前往现场，同行者中有一位海军的摄影官，是他拍摄的这批照片。

这位摄影官现在还在服役，他在将照片交给威涵时还写了一封信，信中说：

假如公开这批秘密照片，你们难免要遭到怀疑者的攻击，也一定会招来美国政府某一秘密机构的麻烦。这个机构神秘到你们无法想象的程度。我已将照片中围观的一些人物剪掉，以免被认出。

这名军官还说，坠落的宇宙飞船爆炸焚烧，残骸和两具外星人的尸体均被送往俄亥俄州的赖特派逊美国空军基地检验。

威涵从照片中发现，飞船失事烧死的外星人是名男性，身高只有约1.3米，身穿银色太空装，脑袋比常人的头要大，头戴太空盔。

巴拿马太空星球人遗骸

巴拿马著名的心理学家、精神病医生拉曼狄·艾桂拉，也是一位有名的UFO研究专家，巴拿马外太空现象研究中心的主席。艾桂拉博士在墨西哥国家电视台上拿着一具外太空星球人遗骸讲述了发现

天外来客的踪迹扫描 外星智人搜索

的经过：

在巴拿马首都巴拿马市70千米以外的圣卡洛村附近的海滩上，一个小男孩发现了一具外太空星球人遗骸，外面包有衣物。

随后小男孩拿着它去见朋友的叔叔贾西亚莫拉医生。贾西亚莫拉医生是国家一流的心脏专家，发觉这是人体，就立即将其送到巴拿马大学医学院检验，证实无误。

贾西亚莫拉在电视上说："小孩刚拾到时，以为是玩具。后来认为他可能是一个被水淹死的人。开始他的身体是柔软的，不久便僵硬了，可惜小孩子不懂事，把他的衣物扔掉了，于是失去了线索。"

被发现的尸体颈部脊椎骨特别巨大，直径也比较宽阔，这标志着他有高度发达的神经系统，高度的智慧。

他的头部比例比人类要大。然而奇怪的是，这具尸体胸腔内没有肋骨，只有一块平板胸骨。

从这具尸体看，这可能是个婴儿的遗骸，其成人的身高应该在一米左右，身体肌肉发达，但两腿非常瘦。外星人的身高可能不止一米多，是因为来到地球受到大气压力之后，体型才急速缩小和硬化。

艾桂拉博士说："他和我们人类不完全一样，因此我们推断他可能是外太空星球人类的婴儿。他怎么会出现在巴拿马海滩上呢？他是外星人来到地球上生下的，还是私生弃儿？"

也有人怀疑他是一种绝迹的侏儒种族，因为在非洲扎伊尔的原始森林就有侏儒族。侏儒族身高仅0.6米左右。那么南美洲说不定也有矮人族，说不定是从非洲漂洋过海的矮人尸体。总之，这是人类学上的一个无法解答的谜。

意大利坠毁的飞碟

据意大利飞碟专家阿·别列格收集的材料介绍，1977年，该国一位名叫艾·波萨的建筑师有一天驱车外出旅行，在一个荒无人烟的地区，他发现离公路不远的地方倾斜着一个圆盘状物体。

出于好奇，艾·波萨走近了这个物体。这个圆盘下方有4个玻璃一样的透明小窗，从小窗里不时闪出一道道刺眼的亮光。

艾·波萨在飞碟上发现有一个打开的舱口，应该是这个飞碟的入口。

波萨从舱口走进了这个物体内，在直径6米的圆舱里发现了3个黑色物体，其中有一个外星人尸体，他们马上通知了意大利军方。

据了解，这个外星人身高约1.5米，皮肤呈墨绿色，只有脸上的颜色比较浅。这个外星人与地球人一样有眼睛、鼻子和嘴巴，但每只手上都只有3根手指。

后来，这具外星人尸体被送到了意大利一家医院进行研究，但意大利官方却否认了这一事件。

资料员见过外星人尸体

美国一直不愿意公开他们保存外星人尸体这一事件。

美国UFO研究者团体的执行理事和《UFO评论》评

论者、西部通讯员查尔斯·威廉对此很感兴趣,他通过私人渠道得到了许多消息,证实了美国的这一行为。

1959年,有位G夫人在重病时告诉威廉,她在20世纪40年代至50年代期间,曾在俄亥俄州德汤的赖特帕特森空军基地的一个密级很高的外国资料处服务,她的工作是将一切已知的或未知的资料分类。

1955年,她受命负责收拾外星人遗留的物品,并对坠毁的UFO内所有内部物体都进行分类记录。

另外,她还对坠毁的飞碟的每一个小部件都拍了照,并贴了相应的标签。

一件最使她难忘的事是:基地官员惠勒德从一个房间取来了用冰和化学试剂保护着的两个小人。他们高约1.3米至1.5米,除了眼睛有点斜,脑袋比正常人大之外,其外观与普通人没有其他差别。

也有人认为,这些人提供的都是编造出来的没有根据的故事,但美国军方虽然没有承认,也从来没有否认过外星人的存在。这到底是真是假,还有待于科学家们今后进一步的研究。

> 1950年,美国一位巡逻警官在新墨西哥州发现了一架坠毁的飞碟,飞碟已经破损不堪,像是从高空坠落造成的。他在飞碟里还发现了一具外星人尸体。随即,该尸体被送往基地进行医学鉴定。

天外来客的踪迹扫描　外星智人搜索

美国出现黑衣外星人

不断出现的神秘黑衣人

1951年的一天,在美国佛罗里达州最南端的基韦斯特,几个海军军官和水手正驾驶着一艘汽艇在佛罗里达海面疾驶。突然,一个雪茄状的物体出现在海浪上,发出一种脉冲式的光芒,一个淡绿色的光柱从它的壳体上射出,似乎一直射入了海底。

汽艇上的军官和水手好奇地用望远镜细细观察这个奇怪的物体,这个雪茄物体光柱射入海底后,它所在的海面上即刻就漂浮起一大片翻起肚子的死鱼。忽然,地平线上出现了一架飞机,而那个雪茄状的神奇物体也随即升入高空,几秒钟之间它就消失得不见了踪影。

更令船上的军官和水手诧异的是汽艇刚刚在基韦斯特港系缆靠岸,

他们就遇上了一群身穿黑色衣服的官员。

这些官员把他们叫到一边，询问他们在大海上看到的情形。

据一位目击者说，这些官员是在想方设法想用提问的方式来使他们的目击报告失去真实性，并要求他们对这件令人吃惊的事件保密。

这些"黑衣人"常常用他们可怕的黑衣服来变成美国官员服装，以便封锁他们出现的消息。

弗兰克·爱德华兹在他写的一本书里描写了这样的事情：1965年12月，美国一家大联合企业的干部目睹了一个飞碟，后来便有两名"军官"拜访了他，向他提了一大堆问题，然后对他说："你应该怎么做，这用不着我们说，不过我们向你提个建议：请不要向任何人谈论此事。"

一直关注此事的英国UFO专家约翰·尔基表示，他已经调查了50多个案例，这些军人或者是直接找到目击者，或者通过电话同目击飞碟或拍到飞碟照片的人联系。

约翰·尔基曾走访了五角大楼，想验证一下那些人是否真是军队派去的。

但是，五角大楼明确地告诉他，他们谁也没有听说过50多起案例中的黑衣人的事情。

竭力封锁飞碟之谜的黑衣人

这些神秘的黑衣人不仅会威胁目击者不要和任何人谈论见到过他们，甚至关于他们的交通工具——飞碟的秘密也竭力掩饰，并利用一些令人诧异的方式来封锁这些消息。

最令人震惊，同时也是最有名的案例是艾伯特·本德事件。

天外来客的踪迹扫描 外星智人搜索

国际飞碟局其任务是从各个方面研究飞碟现象,《航天杂志》则是这一组织的刊物,而本德则是国际飞碟局主任和《航天杂志》经理。

1953年7月,本德在这本杂志上的一篇文章中写道:

飞碟之谜不久将不再是个谜了,它们的来源现已搞清。然而,有关这方面的任何消息都必须奉上面的命令加以封锁。我们本来可以在《航天杂志》上公布有关这方面消息的详细内容,但我们得到了通知,要我们不要干出这种事来。因此,我们奉劝那些开始研究飞碟的人,千万要小心啊!

1953年底,3个身着黑色衣服的人来找本德,并且要本德放弃他的研究。

几天之后，国际飞碟局就解散了，《航天杂志》也停办了。更令人们意想不到的是，两名蜚声世界的飞碟研究家威尔金和弗兰克·爱德华兹正要宣布重要发现时，两人却无声无息地猝死在家里。

黑衣人是外星人吗

那么，这些黑衣人究竟是些什么样的人呢？有人说他们是外星人派到地球上的一支"第五纵队"。但到目前为止，人们所知道的只是一些少得可怜的情况：

他们大都是彪形大汉，身穿黑色衣服，他们的面庞是"娃娃脸"或"东方人的脸"。

在一般情况下，他们遇到人时总要详细盘问，然后把人身上有关他们的记录、底片、分析结果、飞碟残片等全都拿走。

但也有这样的情况：为了达到自己的目的，他们会对人施加心理压力，甚至还行凶杀人，当然这是极少有的。

世界上一些UFO专家认为，种种迹象表明：黑衣人的存在是毫无疑问的。

他们同人类接触的事例已不胜枚举，因此我们没有任何理由把这种接触说成是某种幻觉或有人想故弄玄虚。

既然他们的存在确凿无疑，人们就必然会设法从理论上去解释他们。

有人把黑衣人说成是美国中央情报局的特工人员，这种假设曾一度广为流传，而且还有人为此而发表文章。

那么，这些黑衣人到底是些什么人呢？他们的目的何在呢？他们拥有什么手段？他们来自何方？全世界的飞碟学家都在思考着这些问题。

大量的事实证明，黑衣人在地球上的存在可以追溯至很久以前了。

但在几个世纪以前，黑衣人的活动没有像现在这么频繁，也没有像现在这么公开。

这是因为黑衣人如果真的肩负着保护他们人种的使命的话，那么我们就完全可以这样认为：黑衣人受到现代飞碟学家们探索的威胁，远远超过以往的任何时候。

直至今天，黑衣人的存在已经是无可否认的事实了。至于说他们是否就是飞碟的主人，是否是来自其他星球的人，还是一个谜，还需要更多的科学家或飞碟爱好者去探索、去解谜。

> 1954年10月，一家名叫《联系》的杂志宣称："我们了解关于飞碟性质的一个'无可辩驳的事实'，这一发现还涉及美国频繁出现的黑衣人。"官方禁止对外公布这个"无可辩驳的事实"。

天外来客的踪迹扫描　外星人搜索

山谷内奇遇外星人

身穿航天服的怪人

1954年春季的一天夜里，在法国蓝色海岸的一个山谷里，一位不愿讲出自己姓名的法国人遇到了一件奇事。

这天夜里2时40分，他正沿着一条小路朝家走，忽然听到一阵说话声和金属相互碰撞时发出的声响。他还以为是附近铁匠房里传出的打铁声，因为那金属的声响同铁锤在铁板上发出的撞击声差不多。半夜里铁匠铺里怎么还会有打铁的声音？难道铁匠们晚上不休息吗？

他对此感觉十分奇怪，并感到有些害怕，随即他又安慰自己，可能是铁匠铺最近生意比较忙正在加夜班而已。因此，他安慰着自己继续朝前赶路。

就在这个时候，使他意想不到的事发生了，他发现在离他仅10来米远的地方，有个金光闪闪的物体停在路旁的地面上,它是一个圆盘状的物体,直径有5米,厚度约1.2米。这个圆盘状的物体的左侧,站着一个怪人,他身材矮小,穿着一身散发着磷光的类似航天服那样的服装,脸部被一块布一样的东西蒙着,只能见到鼻子以下的部分。

他的旁边有一个同他一样的怪人,正蹲在那个圆盘状物体的下面忙着修理什么。发觉有人走近后,这两个怪人就将身子转向了这个法国人。

遭受外星人袭击

其中一个怪人将一个类似手电筒那样的东西对准法国人,一束刺眼的白光明晃晃地射在法国人身上,将他击倒在地,但他仍能听到声音和看到东西。不过,他浑身软绵绵的,好像在做着一场噩梦。

"我受到外星人的袭击了!早知道就该绕路而行了。"看着不断向自己走来的怪人,这个法国人不禁想到,"不知道他们会不会把我带走?"

此时,其中的一个怪人走了过来,他摸了摸倒在地上的法国人,将自己脸上的面罩掀起,露出了一张形象可怕的面孔——肿肿的脸上满是皱纹。同时,他又举起右臂朝法国人友好地挥动着,意思好像是请躺在地上的法国人注意看着他。然后,这两个怪人便朝着那个圆盘状物体走去,不过他们的步履艰难,是你推一下,我拉一把才走到那个物体跟前。这时,圆盘状的物体闪过一阵光芒,这个法国人便失去了知觉。

当他睁开眼睛时,那个能飞行的圆盘正悬停在他的上方——

它正在自转,并且发出一种像鼓风机那样轻微的声音,一股不知什么气味迎面袭来。突然,一道异常的强光将四周照得如同白昼,这个金光闪闪的圆盘腾空而起,它的四周火花四射,很快就消失在夜幕之中。第二天,这个法国人发现那个圆盘停留过的草地上,杂草被压弯压断,形成了明显的压痕,法国人意识到他遇到的一定是两个外星人。

纽芬兰残害事件

外星人一般对地球人表现出来的态度是友好的,但也发生了一些外星人杀害或者残害地球人的事件。

事情发生在纽芬兰奥克兰市郊外。1968年2月2日早上,39岁的牧场主人艾摩斯·米勒与17岁的儿子比尔正在修建篱笆,突然传来一声巨响,两人往声音的方向一看,有个碟形的物体浮在200米外的森林上空。

碟形飞行物机体上部有圆锥形的突出部,周围有着成排的窗户,整体上很光亮。一会之后飞碟慢慢放下3根着陆脚,缓缓下降,降落在小河对岸。

比尔吓得愣在原地,艾摩斯

则在好奇心的驱使下单独走向飞碟,当他走到小河的岸边时对岸的飞碟向他发射光线,艾摩斯后仰倒地,飞碟发出"嗡嗡"声上升,高速飞离现场。比尔跑过去一看,他的父亲已经死了,并且头部的头发与头皮却不见了。

医师解剖艾摩斯的尸体时发现,除了头皮以外,全身没有任何外伤,但却找不出丧失头皮的原因,最后的结论是"死因不明"。更奇怪的是尸体骨骼所含的磷全被抽掉。

美国汽车司机被害

另一个被害人是美国密苏里州开普基拉市山姆·丹克斯雷运输公司的司机叶迪·维普,时年45岁。1973年10月7日6时20分左右,维普开着大拖车奔驰于密苏里州杰克森附近的55号公路。

维普突然发现车外有一件奇怪的飞行物体正在作低空飞行,那个飞行物体好像是铝制的,显然是人造的飞行物体。

他连忙唤醒正在睡觉的妻子,再度看窗外,怪物体已经消失了不见了。但从后视镜一看,怪物体尾随在拖车后面,紧贴着地面在飞行。他把头伸出窗外,转头

天外来客的踪迹扫描　外星智人搜索

看后面的怪物体，怪物体相当庞大，几乎覆盖了55号公路上下两车道，直径大约有10米，飞行高度距地面大约1.5米。

怪物体突然发出闪光，一颗火球飞向维普。他连忙把头缩回车内，但已经来不及了，火球命中他的头部。他感觉头部热得好像快裂开，同时眼睛也看不见了，他对着妻子大叫："上帝，眼睛看不见了！我的眼睛被烧掉，看不见了！"

两人合力把车子停在路旁，维普夫人端详丈夫的脸，吓得说不出话。眼镜的其中一个镜片好像被高温熔解一般扭曲着，几乎从塑胶的镜框掉下来。维普夫人坐上驾驶座，连忙把遭到飞碟攻击的丈夫送到南密苏里医院。

所幸维普的失明状态只是暂时性的，他的视力随着时间的推移逐渐恢复，但却无法完全复原，一米外的东西仍看不清楚，无法脱离弱视的状态。另外，他的额头红肿，经常向医师与妻子表示额头与眼睛内侧疼痛。

动物遇袭事件

1967年9月9日，美国科罗拉多州阿拉蒙镇的金格牧场附近有一匹惨遭屠杀的马尸被人发现，发现尸体的人是金格牧场主哈利·金格与马匹主人路易斯夫妇，被杀的是牧场里用来乘用的3岁小马史尼。

据金格牧场主哈利·金格与马匹主人路易斯夫妇介绍，在这匹马惨遭杀害的前一天，路易斯夫人还骑着这匹马在附近散步，散完步之后，路易斯夫人像往常一样将马拴在了马棚里。这匹马的尸体从肩部起肌肉连皮被削掉，被利器削过的头骸骨与颈骨暴露在外，颈部几乎不留一片肉。

有专家指出，除非使用现代外科手术，否则普通人很难将颈部的肉削得如此干净。根据现场调查，尽管屠杀家畜的手法非常残忍，但在尸体附近却连一滴血也没留下。

验尸官在小马史尼的尸体下，发现了一片黑如焦油般的物体，而且这具尸体的周围还散发着一股呛鼻的药水味。一位专家在距离尸体现场100米外的地面上，发现了好像用瓦斯燃烧器烧过的凹痕。

无论就马匹遇害的方式和现场状况的不可理解，都很容易判断这个事件不是单纯的恶作剧，但究竟是谁下手的？又基于什么目的呢？

在事件发生的前后，接二连三有人目击飞碟，于是开始有人认为飞碟与史尼事件有关。目击飞碟的人是丹佛市的查尔斯法官及其家人，他们在夜间目击3个橘红色的飞行物体。一天早上，赫尔曼先生的牧场被人发现一头牛遭屠杀，于是里查·蒙迪斯博士前往现场调查，同时访问附近的居民前一天晚上是否看见任何

天外来客的踪迹扫描　外星智人搜索

不寻常的现象。结果一位佃农山姆·亚伦表示他看见了令人难以置信的情景。

事情大约发生于后半夜2时，山姆想去户外小便，当时夜空繁星点点，是个美好的夜晚。但当他转身进屋后时，山姆吓得愣在原地：大约100米的空中浮着一架直径大约30米的飞碟，下方有一头牛像被无形的绳索吊着一般被吊离地面。

山姆畏畏缩缩地观看着，有3名状似外星人

的人走出来，身高大约1米，穿银色服装。这3名外星人围着牛，其中一个人手持金属筒，按住牛的屁股。牛像被催眠一般一动也不动。外星人用力将金属筒探刺牛体内，再抽出来，慢步走回飞碟里面，这时，牛已倒在地上。

> 1968年美国发生了飞碟杀人事件。遭攻击的人是一位空军上校，事后这位上校患了奇怪的语言障碍。还有一名士官当着同事的面被掳走，当其被杀害之后，尸体被弃置在容易被人发现的地方。

天外来客的踪迹扫描 外星智人搜索

农民奇遇外星人

雪茄状的飞行物

1964年4月24日早上大约10时，在美国的索克罗镇，一个名叫加里·威尔科克斯的27岁农民正在自己的园地里撒肥料。

忽然，从山冈顶峰射来了一道光芒引起了他的注意。他好奇地放下手中的肥料，开着拖拉机朝那座山冈的顶峰驶去。他在离山顶50米远的地方，看到一个呈雪茄状的长长的物体。开始，他还以为那是飞机上扔下来的副油箱。但他很快又意识到，那并不是什么副油箱，那东西悬停在离地面1.5米的高度，发出一种"嗡嗡嗡"的响声。

雪茄状物体看上去有6米长，2米厚，它那银灰色的表面极为光滑。这个美国农民小心翼翼地走了过去,用手摸着这个物体。当时,他感到这个物体的表面就像小卧车车身的表面那样洁净、光滑。

会说英语的外星人

忽然,有两个人出现在物体的下方。他们俩都穿着银灰色的上衣连裤服,他们的脑袋也都紧紧地裹在这身衣服的上方。他们的腰部有一个盘子,上面装满了土块和植物的样品。

这时,其中的一个人朝年轻农夫走来,用十分标准的英语对农夫说:"你一点也不用害怕,我们同其他人都已打过招呼了,是他们允许我们来这拿这些东西的。"

这些人说话时,嘴巴并没有张开,而这声音究竟是从哪个人身体的哪个部位发出来的,威尔科克斯也说不准。接下来,一场怪异的对话开始了。

来访者似乎对地球上任何东西都感兴趣,他问:"你在这

一、天外来客的踪迹扫描
外星智人搜索

块地里干什么？什么是肥料，有什么用处？肥料是由什么组成的？"他还告诉威尔科克斯，他们是来自火星，他们到地球上来考察，是想了解一下地球上的农业情况，因为火星上的农业还不很发达。后来，话又扯到其他问题上，他们还谈到了UFO乘员使用推进装置。然而，直至最后，威尔科克斯都不敢相信这两个人真的是什么来自火星上的人，他始终认为这是搞恶作剧的人在拿他取笑。但是，他并没有听到来访者嘲讽的笑声。

来访者对农民讲，不要把这次相遇告诉别人，然后他们就朝那个雪茄状飞行物的下方走去。上了飞行物后，飞行物开始水平朝前飞行，然后便向上爬升，消失在蔚蓝色的天空中，地面上还留下了痕迹。第二天，威尔科克斯把这件事告诉了父母，但他的父母根本不相信。

用语言交流

1953年5月23日，法国东部一位农民在山里干活，一个不明飞行物在他的拖拉机上方盘旋,农民听到不明飞行物上一个声音在说话:"请保持镇静!整个地球都处于我们飞行器的监视之下,我们的飞行器携有一批小型飞行舱,你们的星球跟我们那里的差不多……"

有些信息是和平的,但也有具有威胁性的,我们发现,UFO乘员的提醒和威胁往往是自相矛盾的。

1963年5月15日,美国"水星号"飞船在太空飞行时,宇航员戈登·库珀以及地面指挥中心的人听到电波上有一种奇怪的语言,立即录了下来。美国语言学家研究了录音,认为这种语言不是地球人的。

甚至外星人还会讲地球上的语言。1973年11月3日20时许,卡斯蒂略被邀参观了外星人的飞船,登上飞船后,从一扇门里走出两个飞碟人,其中一人与卡斯蒂略握手问候。使卡斯蒂略惊奇的是此人竟能叫出他的名字,并能用标准的西班牙语同他交谈。

用手势交流

语言并非是唯一的传递信息的工具,外星人似乎也能明白我们的手势,甚至很快就能模仿。

1952年11月20日,在美国加利福尼亚州的沙漠中,美国人亚当斯基遇到一个金星人。

这个陌生人身高1.65米,头披长长的金发,长得相当标致,不过,看不出他究竟是男还是女。

他身穿一套棕色的套装,脚穿红色软皮高帮皮鞋。

此人主动同亚当斯基用手势交换思想,从而使亚当斯基知道,这个人来自金星。当这场沉默的交谈结束时,这位自称来自金星的人微笑地指了指地面,意思好像是:"看!我留在沙地上的脚印多么清楚。"

外星人常常还会学着汽车灯的闪烁而有节奏地射出光束,用来向目击者传递某种信息,如同人类的灯语。

心灵感应交流

许多目击者还说,外星人跟他们用心灵感应交换信息。宇宙星体生命之间的沟通联络,虽然摒弃了语言,却可以通过大脑思维物质的运动形态来实现。

天外来客的踪迹扫描 外星智人搜索

宇宙所有生命虽然在智能的等级上有高有低界限分明,但就共同拥有的智能载体而言,却存在着本源上的一致性。

就是说,不管是高等智能生命那些又大又好又硬的脑体,还是低等智能生命那些又小又差又软的脑体,它们都出自一处。

如果我们把宇宙物质能量比作一个大库房,那么,能够合成所有星体生命大脑的材料,都是这个库房里的同一种金矿。

1968年8月21日,在阿根廷一座山上,一位青年遇上了3个外星人,外星人没有任何动作。但这位青年脑子里则得到命令,要他跟他们登上停在一旁的UFO里去。

进去以后,一位护士角色的乘员站在他面前,他立即感到外星人要他脱去衣服,但他没有服从,他脑子里马上又得到命令:立即脱去衣服。做完实验之后,他又得到命令进入另一个房间……

在这个目击案例中,昏迷中的目击者同UFO乘员用心灵传感交谈，好像进行一次长时间的谈话那样。在催眠术下这种情景就反映得十分清晰，这样，对方就知道了传来的意图。但这种物质流或物质波我们现在还没找到。

当然，并不是所有的目击者都能收到UFO乘员发来的传感流，这完全取决于每个人的大脑接收能力。有这种能力的人，可被称为具有特异功能者。外星人传递信息的方法，除了语言、动作、心灵感应外，还有其他的方式吗？现在还没有准确的结论。

1974年，人类发给外星文明的第一条信息含有深意：1679是23和73相乘的结果，如果将这一信息作为23×73的网格显示，会出现一系列简单的图像。

地球人受邀去飞碟做客

与外星人相约湖畔

近年来，地球上被抓上飞碟的事件屡有发生，外星人抓他们大多是为了做身体检查，因此，给人以粗暴、残忍、可怕的形象。但是，外星人也经常经过精心挑选，主动邀请一些人登上他们的飞碟，遨游太空。

这些极少数的幸运者被外星人奉为上宾。外星人对这些上宾非常友好。哥伦比亚人卡斯蒂略就是世界上少数几个幸运者之一，他曾先后5次应邀登上飞碟做环球旅行。卡斯蒂略第一次在飞碟上做客长达8个半小时，这的确是一段历险记，他的叙述把人们带进了另一个世界。

按照事先的安排，1973年11月3日晚上20时左右，卡斯蒂略来到湖滨的约会地点。这天晚上，皓月当空，群星闪烁，湖面微波荡漾，卡斯蒂略在那里等待飞碟和外星人的到来。

卡斯蒂略按规定的

条件,身着农民装束,走到湖边的一块大石旁,从石后隐秘处取出一个圆球拿在手中,紧张地等待着飞碟的来临,一切都顺利地按照事先的安排进行着。

这一切都是通过一位自称同外星人保持联系的夫人安排的,这位夫人早在两个月前,就把外星人提出的赴约时间、地点、条件以及其他一些细节,原原本本地告诉了卡斯蒂略。

卡斯蒂略手捧圆球呆呆地望着湖面,时针慢慢地接近事先约定的20时25分。正在这万籁俱寂之时,突然水声大作,从湖底先后飞出两只飞碟。它们发出刺眼的强光,把周围照得通明,整个湖面亮如白昼。

他觉得异常恐惧,看见那两只飞碟已飞到上空,约在200米高处盘旋,四周的气温随之急剧变化。他手中的圆球开始发热,原来外星人正是通过这只圆球来测定他所在的方位的。

过了一会儿,其中一只飞碟悄悄往远处飞去,并熄灭了灯

天外来客的踪迹扫描 外星智人搜索

光,而另一只则渐渐飞近卡斯蒂略,并向地面射出几束强光。这时,突然有两个外星人从飞碟上顺着强光飘下来,登临地面后,他们向卡斯蒂略走来,约在两米处停了下来。

其中一人对卡斯蒂略友好地说,我们是善意的朋友,绝不会伤害你,并补充说,我们将把你带上飞碟。卡斯蒂略由于极度恐惧说不出话来,只是点头表示同意。然后,一个外星人把他挟在腋下,并告诉他要把他带到一个陡峭的地方去。

与外星人交谈

卡斯蒂略上了飞碟后接到的第一道命令是叫他把全身衣服脱光,他执拗不过,只得依从。他感到奇怪的是,舱内虽然有光,但没有灯,并且看不到一丝影子,他估计,光可能是四周墙壁内射出来的。

  这时，从一扇门里走出两个外星人，他们首先向卡斯蒂略要回那只圆球。然后，其中一人与卡斯蒂略握手问候，使卡斯蒂略惊奇的是此人竟能叫出他的名字。

  这两个外星人身高约有1.7米，和北欧人脸型很像，蓝眼珠、大而深邃、眼角下斜、浅黄色的头发垂至双肩，眉目清秀。他们身着紧身衣，衣上有纽扣并且系有腰带，其中一人用标准的西班牙语同他交谈。

  这位外星人把卡斯蒂略领进另一间座舱，那里有4个人围坐在一张椭圆形白色透明办公桌的四周。

  那4个人讲起话来有些困难，他们的嘴唇几乎一动不动，信息是通过心灵感应，即传心术传递出来的，而卡斯蒂略却通过语言来回答他们提出的问题。他们的对话持续了8个多小时，座舱非常平稳，以致卡斯蒂略竟以为他们谈话时仍在原地没动。

参观外星人飞碟

外星人把卡斯蒂略领到楼上，让他坐在一架形似荧光屏一样的仪器前，他们通过两个键钮调试屏幕，然后让卡斯蒂略探身去看。卡斯蒂略看到一条巨大的深沟，感到头晕眼花。飞碟人见他有些受不了，于是又重新调了一下，这时卡斯蒂略又惊又喜，差一点叫出声来。

原来，他看到了波哥大，看到了自己所居住的那个地区，看到了他家的那幢小楼，看到了他的几个孩子正在床上恬静地熟睡，还看到了他家那只德国牧羊狗蹲在地上，摇着尾巴，好像在"汪汪"地叫呢！他不知道当时飞碟是在哪个高度上飞行，也不知道地面上的人是否能看到这个飞碟。

在交谈中，卡斯蒂略好奇地问外星人，你们怎能在这么短的时间里走完400多光年的路程来到地球？

要知道，根据爱因斯坦的相对论，光速为每秒30万千米，任何以这个速度或超过这个速度运动的物体，都会自行解体而转化为能量。外星人回答说，必须把相对论再修改3次，才能抓住事物的实质。他们说，爱因斯坦仅仅奠定了一种理论的基础，有一些"星际飞行走廊"，可以缩短星座之间、行星之间的距离。

外星人为何如此看重卡斯蒂略，一再邀请他遨游太空呢？也许是卡斯蒂略很早以来就是一位著名飞碟学者的缘故。

外星人的相貌

亲眼目睹过外星人的案例举不胜举,而且人们看到的外星人各有迥异,飞碟专家们经过筛选和验证,从目击案例中总结出了外星人的大致相貌特征。

皮肤:外星人的皮肤大部分是灰色、蓝白、棕色的,有的称他们的皮肤柔软,而且富有弹性,也许目击者看到的是穿着薄的带有颜色的防护衣。

眼睛:外星人的眼睛一般很大,但距离较宽,有一种疲劳的样子。有的目击者表示外星人没有眼珠,也没有眼皮。有的目击者说,眼睛很大,而且是炯炯有神。

嘴巴:外星人的嘴巴有一道裂缝,或很小或完全没有开口,有的目击者说,嘴巴很小,就一个洞,或一条细缝,几乎看不到嘴唇。

鼻子:外星人的鼻子只有两个小的呼吸孔,并不明显;而有的目击事例中鼻孔则十分清楚。

脖子:外星人几乎没有汗毛和头发。

声音:低哼声,有的从头到胸像电子装置一样,"嗡嗡"作响,不知道声音是从哪里发出来的。

身高：一般在0.9米至1.5米，有的身高达3米以上，体重150多千克，脑袋硕大，下巴尖而窄。

耳朵：不显眼，没有耳郭。

胳膊：细而长，下垂过膝，手各不相同，有的仅有4个指头，两长两短。有的则像地球人一样有5个指头。少数只有两个指头，像钳子一样，有手指无脚趾。

生殖器官：有部分外星人没有生殖器官，少数只有一条缝，难以判断他们的性别。

外星人的衣着

多数目击者报告指出外星人从头至脚穿戴整齐，这些穿戴不是为了御寒，更不是怕羞，而是用来抵制放射线或防止污染的，也许还有防热的功能。在有些目击事件中，外星人告诉目击者说，他们害怕太阳。

除了个别情况外，外星人的衣服几乎是相同的，是用整块材料制成的上衣连裤服，没有缝制的痕迹，也没有口袋或纽扣之类的东西。

衣服的颜色种类很多，有白色、灰色、红色、蓝色，大部分

天外来客的踪迹扫描
外星智人搜索

飞碟乘员衣服的颜色和所乘的飞碟外表的色泽一样。有些外星人衣服上有某种标志或其他附属物，有的肩膀上有金属板，似乎是用来电子通信的。

有的外星人腰带上挂着一个星形饰物、发光的椭圆物或发光的环形物，这类现象很多。有的外星人头上有斗篷，这斗篷跟上衣连裤服连在一起；有的外星人戴着面具，最常见的是戴一顶宇航员那样的头盔。

不过，与地球人的头盔不同，这些头盔通常跟背部的一个盒子相通，可能有特殊的用途。有的专家认为，外星人的穿戴是不完全一样的，但大部分外星人有一种上衣连裤服，全身没有一点空隙，类似地球人的太空服。

外星人可能没有地球人这种无线电通讯之类的东西，完全用的是遥感类先进技术。

卡斯蒂略在整个拉丁美洲很有名气。他在委内瑞拉，创立了"委内瑞拉地外现象研究所"，在哥斯达黎加又协助创办了"哥斯达黎加科学与地外生物研究所"，在哥伦比亚还亲自参加工作。

外星人馈赠的见面礼

飞碟人送给目击者金属片

1965年4月24日，在达特木尔发现了一只离地面一米处飞行的飞碟，后来从里面走出3个外星人。他们来到目击者面前，操着一口流利的英语，并给了他们几块金属片。后来，这几块金属片被送到美国埃克塞特天文台学会去研究。

1965年8月24日，一个飞碟人对一位巴西目击者说："我们来自另一个星球。"飞碟人还给了他一块奇怪的金属。后来，这块金属被送到一家钢铁公司去化验，经化验发现，这块金属的物质结构与地球上的物质完全不同。

用特殊的石头当礼物

1972年6月,一位意大利工程师从天文望远镜中观察卫星时突然停电,这时他的身边突然出现了三个两米多高的外星人。

这三个外星人的眼睛发着光,在不远处还停着一只卵型的飞碟,直径有4米,外星人在工程师手里放了一块白色半透明的卵石。之后,这三个彪形大汉就回到了飞行物体。

英国数学家约翰有一块神奇的白色卵石,如今陈列在英国博物馆里。约翰的儿子给有关人员的信中写道:这块石头是一位叫乌里埃尔的天使圣人给的。这说明,数学家约翰曾见过飞碟外星人。

天外来客的踪迹扫描　外星智人搜索

法国神秘的黑影外星人

黄色球状不明飞行物

1973年10月19日，在法国德拉吉尼安发生了一次罕见的UFO事件。当天20时40分左右，当地青年加布利埃·德莫格先生跟他的女友骑摩托车沿着马尔蒙山的山道向山顶驶去。

此山在德拉吉尼安市北边几千米外，高达507米，站在山顶向南望去，可以看到地中海和岸边的圣拉法埃尔城。这两位热情奔放的青年一鼓作气，准备一直驾驶到离山顶不远的一块平地上去。

突然,姑娘发现右侧有一个发着强光的黄色球体跟摩托车朝同一方向前进,它的四周有一圈较淡的光晕,这光晕仿佛在绕着球转动。

这时,这对年轻的恋人离山顶只有1000多米了,他俩停下车来开始观察这个会发光的球体。这个发光球体在低空由西向东移去,估计离他们只有600米左右。

那个亮球的大小与一个普通西瓜差不多,它正在飞向马尔蒙山的南坡,一会儿便消失在山脊另一侧。

加布利埃和女朋友感到很害怕,便赶回到加德拉吉尼安家中,并将此事告诉了一位正在加德拉吉尼安家中做客的朋友。

3米多高的黑影外星人

这位朋友恰好是一个UFO研究团体的成员，他把加布利埃的事告诉了其他3名成员，于是，他们马上分乘两辆汽车前往现场查看，到底发生什么情况。

他们从小道驾车上了那块平地，然后把汽车转过方向，对准下坡的路。关好车灯后，坐在平地上的两个石凳上，观看周围的山色。

等他们的眼睛适应了山野的黑暗后，首先看到80米开外的山顶上有一个白色的发光体，不很清楚，但可以分辨。接着，那个发光的东西发出一种奇怪的声音，但搞不清那是什么样的声音，有点像收音机里的杂音,4个在场的人谁也说不明白。

与此同时,乔治·马克雷起身靠在地平线方向的石塔上,他感到那石塔竟是滚烫的,自己的身子也被一股热浪穿过。他的同伴们也感到周围空气的温度在升高。

这时,他们发现山顶上那个白光下边出现了一个红光体,这个红光体开始移动,上了一条满是石子的小路朝平地移来。他们听到石子滚动的声音,好像有体重很大的人在路上走动。

他们都在观

察着从山顶移下来的红光体，发现伴随红光体而来的是一个黑乎乎的东西，他们估计黑影有3米高。在这过程中，那个奇怪的声音一直没有停止。

黑乎乎的东西慢慢地下坡，它来到离4位目击者只有25米远的时候，停下来了，它弯下去仿佛捡了什么东西，30秒后它又站立起来，中间部位的红光熄灭，怪声也同时消失。山上一片漆黑、宁静。

逃避黑影人的追踪

一会儿，他们听到汽车旁有树枝的断裂声，然后又是汽车剧烈的晃动声。4位小伙子一个个都吓呆了。阿兰·勒卡比较镇静，他发出信号，要大家赶快逃离这个鬼地方。乔治·马克雷和克里斯蒂安·邦萨跑到自己的车前，他俩商定，如果发动不了车，就躲在山谷里的灌木丛中。

阿兰·勒卡的那位同车伙伴也跑到了汽车前边，当他正要打开车门时，从山顶上发出的一束白色光束把他和阿兰照得一清二楚。他俩立即卧倒，片刻后光束熄灭，一片黑暗。他俩钻进汽车，但车子发动不起来。这时，乔治·马克雷和克里斯蒂安·邦萨已经发动菲亚特汽车出发了。

阿兰·勒卡几经努力，终于把车子发动起来了，开出一段距离后他又刹住了车子，朝后边看去，只见那个黑影跟在车后五六米远的地方。接着他又看到第二个黑影和第三个黑影。3个黑影都很高大，足有两米以上。

阿兰·勒卡向前开了几米又停下观察，3个黑影仍在向汽车慢慢走来。当黑影接近汽车时，阿兰又把汽车开出10米至15米停下，他看到黑影停住了，便把车向后倒去，在离黑影5米处停下。

这时，3个黑影又开始向前移动。阿兰打开车门，探出半个身子，一只脚落在地面，对着3个黑影连喊3声："你们是好人还是坏人？"

离汽车最近的黑影这时转过去对着后面左侧的黑影，似乎在交谈，然后发出先前听到的那个奇怪的声音。

过了一会儿，黑影又开始向汽车走来，速度快了一些。阿兰缩回车里，开车离去。

外星人遥控的机器人

阿兰·勒卡把同车的朋友送回家之后，他又离开德拉吉尼安市，独自一人来到山上。这一次他什么也没有看见，山顶的白光也不知去向，空气中散发出绝缘器着火后的气味。阿兰·勒卡倒车时开着车后灯，他看到那些黑影高两米多，身上穿着不发光的上衣连裤衫，腹部有一道红光，头部方方的，好像戴着头盔，眼睛部位有一个或两个长方形的发光的洞。他们行动非常缓慢，仿佛是机械装置。其中有一个黑影不戴头盔，只罩着一个面罩，面部前边有一个东西在动，可能是面纱之类。

在半路上，乔治·马克雷根本没有转动方向盘，而汽车自己转身90度，横在马路上。一会儿，它又自动恢复了原先的方向，仿佛有一个巨大的力量指使汽车横在路上的。

这4位同行者似乎不是在制造耸人听闻的消息，有关专家分析，他们很可能遇到了外星人，而这些乘员可能是UFO遥控的机器人。而它们半夜三更来这荒山野岭干什么呢？还需要我们去进一步研究探索。

1973年6月30日，法国"协和"式超音速客机在进行观测日全食的科学考察飞行，飞行员看到有不明飞行物正在超音速飞行客机的附近飞行，有人将其拍摄了下来，引起人们极大的兴趣。

天外来客的踪迹扫描　外星智人搜索

科西嘉岛上的外星人

三角形的飞行器

1974年3月15日晚20时，在科西嘉岛北端东北部的埃尔巴朗加镇，约翰尼和他的未婚妻开着小轿车外出游玩。当约翰尼将车停在公路旁的一片凹陷下去的地方时，突然感到浑身上下有些不舒服，他觉得好像听到了一种低微的声响。

于是，约翰尼就侧脸朝左边看去，结果发现公路上站着3个模样古怪的人。约翰尼吓得面如土色，立即启动发动机，加大油门朝后倒车，结果汽车后部的车身被荆棘刮了好几道划痕。

终于，汽车咆哮着驶上了开往镇上的公路。当约翰尼把他刚刚看到怪人的事讲给未婚妻听时,他的未婚妻吓得浑身直哆嗦,不过,她还是壮着胆子,朝他们刚刚驶离的地方看去。当她回过头朝后看去时,简直不敢相信自己的眼睛:只见离他们大约100米至150米远的地方,一个三角形的物体正在腾空飞离地面,它突然加快速度,转瞬之间便消失在空中。

据约翰尼事后对专家们说,那3个人大概都有1.6米高,他们身体各个部位的比例同我们普通人的比例差不多,不过双臂好像要比一般人的长;他们的身子朝前倾斜,背部僵直,脖颈像是躯体的一个延伸部分;他们都没穿任何衣服,躯的表面显得异常光滑。

来去匆匆的外星人

至于那个不明飞行物,约翰尼说:"从侧面看去,它像是一座小小的金字塔。从它底部到顶部,有好几种颜色,它的底部有

60米长。当它突然加速时,并没看到它一直朝上升,而是像有隐形术似的,转眼之间就无影无踪了。"

约翰尼在谈到无线电的干扰情况时说:"当我把汽车停下时,汽车的收音机是开着的。但是,当我朝后倒车时,收音机不响了,开上了公路后,收音机又恢复了正常。然而,当不明飞行物腾空起飞时,收音机又一次没声音了,不过,汽车的车灯始终是亮着的。"第二天,约翰尼驱车来到现场,却没发现任何着陆的痕迹。约翰尼说,他发现那3个怪人的地方长着一片一米高的荆棘,那里也没有留下任何可疑的痕迹。

外星人留下的带文字的纸张

外星人频频光临地球,有的还给目击者留下了见面礼。

1965年3月2日,在美国布罗克维尔城,一位美国人看到一只直径7米大的外星飞碟物体降落在城郊一块空地上。一个带着透明头盔的外星人从这只飞碟中走出来,并向附近的目击者走去。

这个外星人从上衣连裤服的左侧取出一个黑色的盒子,同时又给目击者两片质地极细,上面写着奇形怪状的外星文字的纸。美国专家研究这两张纸后发现,文字中有"火星"两字,其余的就不认识了。

据美国飞碟专家霍尔曼森说,1965年,发现外星人留下的文字中常常提到金星、火星、木星这些星球,于是有人猜测他们来自那里,也可能在那里居住过,那里有他们的基地。

外星人给目击者割肿瘤

1952年7月16日,20岁的美国飞行员弗雷德·里根准备驾机飞行。他的飞机爬升到8000米的空中时,一艘神秘的飞船与里根的飞机突然相撞,把飞机的尾翼撞得粉碎。他被强大的气浪推出了座舱,就像脱了线的木偶朝地面栽了下去,里根心想,这下死定了。

此时,那个将飞机撞毁的神奇的飞船正悬停在他上方,用吸力将他托举在半空中。不一会儿,他就置身于这个不明飞行物之中,这时,一个似乎离外星人的脸部不太远的明亮的蓝光物体移近里根,像是要为他作什么检查似的,一双目光炯炯的眼睛上下左右地打量着里根的全身。

突然,一种声音问他:"地球人,你现在感觉如何?我们来自一个遥远的行星,这是一场令人遗憾的事故。我们到这里来的唯一目的是看看你们的文明,从我们这些原始人的角度看看你们的文明。"

被外星人安全送回

最后,这个形似瓶子的外星人告诉他,他们的检查发现,他的脑子里长着一块肿瘤。对此,里根感到十分震惊,因为虽然他近来消瘦得厉害,却从来也没往这方面想过,这个诊断使他感到心里很难受。

但那个外星人安慰他说:"为了补偿这场空难所造成的损失,我们已经为你治好了病,现在,我们将把你送回去。"

突然,一阵刺耳的声音在座舱响起,弗雷德·里根马上失去了知觉。当他苏醒过来时,发现自己躺在医院的病房里,周围除了有医生、护士之外,还有一些UFO调查人员……

对于这起神奇莫测的事件,他根本无法解释,就连他自己都不能相信飞机被摔得粉碎,而没带降落伞的自己却安然无恙,平安无事。

见到了自己的亲人,弗雷德·里根欣喜若狂,他向亲人们讲述了自己难以置信的遭遇。可他讲的事没人相信,不少人说他在胡说八道。

从那以后,里根夜里常做噩梦,几个月之后,他得了严重的精神忧郁症,被送进了亚特兰大精神病院。在他与那个不明飞行物相遇将近10个月后,他病死在医院里。

对于一个有着如此不平凡遭遇的人,医院决定对他的遗体进行解剖。医学专家们发现,里根大脑已被极强烈的射线辐射过。他们还发现,几个月之前,他大脑中的一个肿瘤被人摘除,所用的器械并不是人们通常使用的手术刀,而是一种目前医学上从未见过的新型器械。

1961年4月,在美国威斯康星州出现了一个闪着橘黄色光芒的飞碟状不明飞行物,一个身穿银色衣服的外星矮人走下飞碟,来到目击者面前。他拿出一个有两个把手的瓦罐,做出要喝水的动作。

神秘的来客

外星人行踪不定，行动诡秘，在世界的每一个地方都有他们的足迹，他们的外貌特征不同，留给每一个目击者的印象也不一样，更令人迷惑的是，地球上几乎所有难以破解的事都能与他们有千丝万缕的联系，他们从哪里来？他们想干什么？为什么会屡屡出现在地球上？

外星人拜会秦始皇

秦始皇见过外星人的记载

我国有一本名叫作《拾遗记》的古籍，全书共10卷，上边记载了自上古庖牺氏、神农氏直至东晋各代的历史异闻。其中的第四卷中有这样一则记载道：

> 有宛渠之民，乘螺舟而至。舟形似螺，沉行海底，而水不浸入，一名"沦波舟"。其中人长十丈，编鸟兽之毛以蔽形。始皇与之语及天地初开之时，了如亲睹。

这些宛渠民能够日游几万里，并掌握着惊人的高效能源，如果用它夜间照明，只需要米粒大的一粒，便能够照亮一间屋子；如果将其丢于小河溪之中，沸腾的水沫能流到几十千米远的地方去。

秦始皇是在与谁交往呢？这位皇帝自己认为：这些人是神人！可是据说神人是长生不老的，而这些"宛渠之民"有过儿童时代，在秦始皇的年代他们知道自己已经老了，这证明他们也同样有着生命的新陈代谢过程，并不是神仙之类。

如果这事真的存在，就会使人自然想到，这些人既然不是神，那用外星来客的观点给予解释便是顺理成章了。一群具有高度文明的外星人，很早就来到了地球，并在某些地方设立了基地，称之宛渠国，并对地球进行了详细的观察和研究。

这群外星人掌握着对于现代地球人来说也异常发达的科学技术，他们在占地球表面积三分之二的海洋中活动，交通工具是被称为"论波舟"的潜水船，这船外形很像海螺，又极像飞碟。这些人眼睛像电光一样明亮，耳朵从颈部上长出，脸上也像孩子一样稚嫩。

他们非常注意考察人类世界，人类一有什么新动向，哪怕相隔10万千米远，也要去观察一下。对于蛮荒时代的地球，他们对很多事都好像亲眼见过一样。

他们对人类社会的生产活动和重大进步也特别感兴趣，并亲自赶到现场考察。

他们对当时我国社会组织结构的变化、生产的重大成果，也都进行了实地考察。从此我们可以看出，这些都是他们有计划的严密的科学考察活动。

秦始皇见过外星人的考古发现

1994年3月1日，举世闻名的"世界第八大奇迹"——秦始皇兵马俑2号俑坑正式开始挖掘。在2号俑坑内人们发现了一批青铜

天外来客的踪迹扫描 外星智人搜索

剑，长度为0.86米，剑身上共有8个棱面，考古学家用游标卡尺进行测量后发现，这8个棱面的误差不足一根头发丝。已经出土的19把青铜剑，每把剑都是如此。

这批青铜剑内部组织致密，剑身光亮而平滑，刃部的磨纹十分细腻，纹理来去无交错。

这些剑虽然在黄土下面沉睡了2000多年，但出土时依然光亮如新，锋利无比。而且，所有的剑上都被镀上了一层10微米厚的铬盐化合物。

清理1号坑的第一过洞时，考古工作者发现一把被一尊重达150千克的陶俑压弯了的青铜剑，其弯曲的程度超过45度。

当人们移开陶俑之后，令人惊诧的奇迹出现了：那又窄又薄的青铜剑，竟在一瞬间反弹平直，自然恢复到原来的样子。

当代冶金学家发明的"形态记忆合金"，竟然出现在2000多年前的古代墓葬里，这听起来是不是有些惊奇呢？

秦始皇真的见过外星人吗

谁能想象，20世纪50年代的科学发明，竟然会出现在公元前2000多年以前？

又有谁能够想象，秦始皇的士兵手里挥舞的长剑，竟然是现代科学尚未发明的杰作？我们不禁会问：他们的技术渊源是什么呢？

这一切疑问，如果用外星人的帮助来解释就很容易理解了。

外星人光临过地球的传说，古今中外都有。而《拾遗记》中所记载的这件事的独特之处在于：这些外星人与当时称雄一方的秦始皇进行了十分友好的接触，并且与他谈古论今，介绍自己的来历，甚至，还向秦始皇汇报了他们的考察活动呢！

另外，更有专家表示，秦始皇之所以能够统一中原，很有可能和外星人的帮助有关。

我国的长城也有可能是外星人让秦始皇修建的,一方面在名义上是防止匈奴入侵,一方面在实质上是和埃及的狮身人面像组成风水布局。但还有许多学者对这件事产生怀疑,秦始皇见到的真是外星人吗?《拾遗记》记载的是真事吗?这些至今还没有一个确切的答案。

铬是一种极耐腐蚀的稀有金属,地球岩石中含铬量很低,提取十分不易。铬还是一种耐高温的金属,它的熔点大约在4000度,德国在1937年,美国在1950年才先后发明并申请了专利。

苏联的外星来客

屡屡出现的天外来客

在苏联彼尔姆一带,经常会看到一些神秘的黑影。在这一地区,人们经常可以看到一片片大小不一、呈椭圆或圆形的青草变得枯黄,甚至,一位老太太还曾经见到过一群穿着黑衣服、身材高大的蒙面巨人。

这一地区的居民们还曾见过各种各样类似碟、香蕉、哑铃、球状的物体,这些物体常改变颜色,并且长时间地围着人群飞来飞去,但只要你一接近,它们便会无声无息地消失了。

一次,在距离彼尔姆不远的奥萨市的河滩浴场上降落了一只飞碟,从飞碟中走出几个类似人的家伙,有高的,也有矮的。他们在浴场上好奇地打量着周围的人们,几分钟后,飞碟就飞离了河滩浴场。

过了不久,在距彼尔姆50千米的库什坦附近,许多人又一次看到了飞碟和外星人。他们的身高从1米至4米不等,在少先队员夏令营地和河岸周围转了转后便离开了,并没有妨碍或伤害附近的任何人。

但也发生了具有侵略性的事情:一次,一个小男孩向一名外表半透明的外星人扔了一块石头。

这个外星人随即用一种像梳子似的东西向小男孩瞄准,小男孩吓得慌忙跑开,他跑了之后,他刚才脚下的草却被烧焦了。

另外,彼尔姆州的司机们说,他们常在偏僻的路上遇到类似传说中的诺陶罗斯的怪物，就是希腊神话中牛首人身的克里特物。

科学考察探究奇怪现象

这些奇怪的现象究竟是怎么回事呢？

为了证实和研究，苏联工程技术科学协会联合会奇怪现象委员会组织了一个约有40人参加，以其副主席埃米尔·巴楚林和生物专家、控制论专家弗·舍姆舒克为首的考察队前往彼尔姆进行科学考察。

考察刚刚开始，令人弄不明白的现象就不断地出现。

考察队员们明显地感到这里的环境十分异常，他们有时会一连几个星期在只有7000米见方的地带转悠而走不出去。

白天，他们将两个距离30米的物体做记号了，令人不可思议的是到了晚上，这段距离就变成了原来的两倍。考察队员们准备在夜间拍摄异常现象，大约有20人同时用带闪光灯的照相机拍摄，另有几人用电影摄影机拍摄。

但奇怪的是，当闪光灯闪过之后，立即有一束反射光反射回来，而且反射光的强度与闪光灯的强度成正比。

反射光可以照出一些朦胧的人形侧影，有一次虽然没有反射光，但队员们仍然清楚地看见了一些黑色的"人影"，如此这样照了几张之后，闪光灯就不闪了。

队员们想要继续拍摄时，照相机的快门却怎么也按不动了，而当离开异常现象频繁发生的地带，或者是第二天早晨，闪光灯和照相机又完好如初了，就好像从未坏过一样，但先前拍的几张底片上却是什么也看不见。

于是，考察队员们猜想，这可能是外星人所为。

科考队员与外星人交谈

随着时间的流逝，发生的事情也越来越离奇了。

有一次，考察队员穆霍尔托夫去河边打水，意外地看见天空有只形如帽子的飞碟，几秒钟后，飞碟就消失了。回到营地，穆霍尔托夫总觉得有人在招呼他，于是他又到河边去了。

路上，他觉得有个人正在注视着他，并且与他并行，甚至可以清楚地听见那个人沉重的脚步声，但却看不见。穆霍尔托夫感到有点害怕，赶紧转回头往回跑，可没过多久，却又莫名其妙地想到河边去，但这时他已没有勇气再去了。

夜里3时，穆霍尔托夫又想到河边去，这次他约了4个人一起去。事后，穆霍尔托夫写道："突然，我们感到有一股刺骨的寒风迎面刮来，大家都有这样一种感觉：好像是被一种强大的吸力拖着往前走，两脚根本不听使唤，头痛欲裂。其中一名同伴失去知觉，我们立即对他进行急救，使他恢复了知觉并逃回营地。"

考察队员遇到的真是外星人吗？他们为什么会遇到那么多奇怪的事情，外星人的科技水平真的比地球发达得多吗？

在这次考察期间，队员们在帐篷里意外地看见了不同时期地球大陆的图像，以及地球和其他星球不同时期所发生的一些重大事件的"电影"。这些"时间电影"不知是不是外星人放给他们看的。

一、天外来客的踪迹扫描　外星智人搜索

外星人拜会美国总统

美国普努努姆禁区

美国参议院议员、UFO研究会的会长古兰卡丁伯爵在一次发言中透露："美国前总统艾森豪威尔曾访问过拉特巴达松空军基地，并会见了外星人。"这件事轰动了整个新闻界。

古兰卡丁伯爵称，美国前总统艾森豪威尔会见过外星人。但在谈及此事之前，还是要先谈谈美国参议院议员比利·哥努多德先生访问拉特巴达松秘密空军基地的事。

哥努多德先生是一位博学多才的议员，他认为，在广袤的宇宙里，生存着很多比地球人类更文明的其他宇宙生物。他在1960年初会见老朋友卡迪斯·努梅伊将军时，曾要求参观普努努姆的秘密禁区。

　　努梅伊将军一听哥努多德先生要参观"普努努姆禁区"就立刻收起笑容，非常严肃地拒绝了，并称那个地方除了特殊人员外，其他人根本不能进，即使美国总统也不行。就是努梅伊将军本人也不能进房间一步。

　　哥努多德知道，美国正在秘密地处理和回收UFO和外星人的尸体。不过，他还推测，在秘密基地里，肯定还有惊人的事情，因为他当时已经得到确实情报，知道那里不仅藏着UFO机体和外星人的尸骸，甚至还有活生生的外星人。因此，他萌生了要与外星人会晤交谈的念头。

美国总统与外星人的会晤

从1947年至1948年，美国共发生了近20宗UFO坠落事件，几乎所有的UFO残骸及其驾乘人员最终都被运回俄亥俄州第顿的拉特巴达松基地。但是，在运往该基地之前，常常是先运到最靠近出事地点的空军基地保管。

1954年12月20日，爱德华空军基地附近发生了一起UFO坠落事件。这件事被艾森豪威尔知道后，亲自到爱德华空军基地去考察。他就像作战演习时那样，以度高尔夫假期、访友为名，并于1955年2月20日到了加利福尼亚州，然而，艾森豪威尔在那里只停留了一天。

当时，总统在新闻记者的眼皮下突然消失。据说，总统是乘坐军用直升机，秘密地到了柏杜匹林克士附近的爱德华空军基地，在第二十七格纳库里会见了外星人；也有人说，当时艾森豪威尔说看到的只是UFO残骸和外星人的尸体。

但据古兰卡丁伯爵所掌握的情况，艾森豪威尔似乎是会见了活生生的外星人，当时，外星人让总统亲眼看了他们多种多样的超能力量。

他们不借助什么机械用具，就能让自己的身体悬浮在空中，用意念及精神的力量驱使大的物体及UFO之类的东西转动，让人们看到物体瞬间的移动，并用精神感应来进行交谈。

艾森豪威尔总统在亲眼看见了这些难以置信的奇迹后表示，外星人的超能力远远超出了目前的地球人，如果让大家都知道这些事实，那么在人们当中会出现不可挽救的恐慌。因此下命令，严格地保守外星人和UFO存在的秘密。

其他目击者的证言

另一位金巴利伯爵称，当时在场的不仅仅是总统，还有杰纳利斯以及牧师、科学家等从外界慎重选拔出来的少数人士。

参加这次会见的当事人不知具体是美国军事情报处的还是谍报机关的，反正是那个计划的制订者，他们若要决定是否应该把事实公开，则要看现任总统及各界人士的反应。

在谈及为什么时到如今，组织那次会见的当事者们还要把外星人存在这个事实隐蔽起来时，古兰卡丁伯爵说道："这是经过深层次的考虑的。"

古兰卡丁伯爵表示，任何一个国家如果能成为第一个掌握UFO自身推进力的秘密，以及外星人所具有的超高技术的国家的话,那么这个国家就可能征服和独霸地球,甚至地球以外的星球。正因为这样,所以就不让其他国家的情报机关知道,甚至也不想让本国公民知道外星人存在的事实。

美国总统关注外星人研究

随着外星人越来越频繁地来地球上考察,许多国家也越来越对外星人感兴趣,他们都秘密设置研究机构,希望在探索外星人秘密这看不见硝烟的战争中,暗暗激烈地争夺外星人。

20世纪70年代,佛罗里达州州长恩斯参加竞选,他随同工作人员及记者10余人正乘飞机飞行时,突然惊呼:"看,飞碟!"人们涌向机舱窗口朝外看。

神秘的来客

迈阿密《信使报》记者曼斯菲尔德等人在空中看见一个橘黄色的火球，起初他以为这个火球是森林起火所引起的，仔细一看，才察觉火球原来是与州长座机处于相同高度的两个发光体，其飞行速度约为每小时460千米。

州长恩斯命令驾驶员上前追踪，然而这两个发光体突然垂直上升，转眼间消失得无影无踪。

第二天，曼斯菲尔德在报纸上发表了关于此事的报道，当时引起了很大的轰动。

一连串的飞碟事件惊动了当时的总统约翰逊，在总统的关注和舆论的压力下，美国中央情报局也开始过问此事。

在中央情报局的配合下，空军出资50万美元，由科罗拉多大学设立"独立研究项目"对飞碟进行探索。该项目的负责人是著名的康登教授。

苏联私下研究外星人

同一时期，苏联境内也发现了多起飞碟事件，克格勃对此自然也是不会放过的。于是，他们便邀请一批科学家组成"宇宙飞行调查常设委员会"，由斯特加洛夫空军少将主管此事。

苏联宇宙飞行调查常设委员会与天文台合作，采用摄影、电子和雷达测量等技术手段对已发现的飞碟资料进行了综合研究，其中包括：

1964年9月23日，一架图104飞机飞越莫斯科和彼得格勒上空时，机组人员和乘客所看到过的一个拱顶碟形飞行物。

1965年7月26日，拉托雅电离层观测站站长维托米克用望远镜观察到一个直径约为90米的飞碟和3个伴随的小飞碟。

1976年8月，天体物理观测站天文学家沙查洛夫等人看到了一个高速飞行的碟形飞行物。

特别使斯托加洛夫少将感兴趣的是1963年6月8日在苏联发现的一起飞碟事件，宇航员毕考夫斯基正在驾驶飞船飞行时，突然发现一个椭圆形飞碟尾随飞船，飞行片刻后，突然转变方向悠然远去。茫茫宇宙，浩浩星空，小小地球只是其中一个微不足道的小行星。

除地球外，在其他星球上也可能会有生物存在，或处于原始阶段，或具有高度的智能。这些高智生物不仅关心自身所在的星球，也必然会飞向太空，探索宇宙奥秘。而我们地球上各个国家也对来自太空的智能生物很感兴趣，希望对外星人有更深的了解。

> 1954年，美国总统艾森豪威尔神秘失踪，听说是被军队送往爱德华兹空军基地进行秘密会晤，与外星种族探讨秘密条款。他会见了两个长得很像北欧人的外星生物，白头发、蓝眼睛，嘴唇发白。

外星人频繁光顾意大利

银光闪闪的外星人

1977年被飞碟爱好者们称为"不明飞行物年",这一年,在意大利境内发现了许多不明飞行物,还发生了几起近距离的接触事件。

1977年8月31日凌晨,奇鲁洛先生和焦万涅洛先生两人在沿着公路从斯图尔诺朝弗里真托方向走时,发现在公路旁小山岗的灌木丛与树丛之间有一团红光,不远的地方,是一片荒废了的采石场。

正当他们俩好奇地朝闪着红光的方向走去时,又发现在红光上方有着一团绿光,而在他们旁边则是两团白光。忽然,他们听到一种有节奏的持续作响的声音,就像是一台无线电收发报机发出来的声音一样。

当他俩又一次朝前走去时,却发现了一个银光闪闪的人影。

原来,那里站着一个穿着套装的人,那银光是这套服装反射的月光,看上去那套服装像是金属制的。那个人站在灌木丛与树丛之间，纹丝不动，不一会儿，他朝着这两名大学生走了两步。

两名大学生非常害怕，拔腿就跑，他们一口气跑到附近的一个村庄。

在村子里，他们碰见了帕斯库奇、卡波比安科和丹布罗西奥，他们对此事也十分好奇，于是，他们一同坐上丹布罗西奥开的小汽车，又朝着刚才发现怪人的方向驶去。

重探外星人之谜

汽车开到那里时，已经是凌晨1时了。他们停下车，朝山上走去。果然看到了亮光和闪烁着银光、一动不动站在那里的人影，同时还听到了奇怪的声响。当时，他们都感到害怕，打算坐上汽车赶紧离去。但是，强烈的好奇心又使他们镇静下来，回到了原地。

那个人好像发现了这几个目击者，朝他们走了过来，把他们吓得连忙往后退。可是，那个人没有再往前走，也退了回去。就这样，来来回回有两三次，足有20分钟的时间。

后来,这5个人下了山,坐车返回村子。他们想回去找一个大手电筒来看个究竟。在村子里,他们又碰上了西斯托和列福利。于是他们7人找到大手电筒又一起坐上丹布罗西奥先生的奥贝尔牌小轿车返回出事地点。

当时,手表的指针指在2时上,他们又一次驱车来到那个陌生人出现的地方。

他们下了车,没敢朝前走得很远。他们打亮手电筒,朝那个怪人照去。怪人转过身,他被手电的光束照亮后,开始冲着他们指手画脚地动起来,两只红橙色的眼睛有节奏地一闪一熄着。

与此同时,他们的耳边响起了他们刚才曾经听到过的断断续续的怪声。他们每个人注视着怪人的手势,有些手势是示意他们走过来,有些手势是指指月亮,又指指自己,有些手势似乎是试图说明自己来自什么地方。

他刚刚做完手势,头顶上就射出一道强烈的白炽光。这道光持续的时间很长,它照亮了四周和7个目击者,他们中的一个惊叫了起来:"激光……激光!"

随后,他们都急急忙忙地朝汽车跑去。跑到汽车前他们才发现，这道白炽光对他们人体毫无损害，尽管他们的双眼被照得有些不舒服。

近距离观测外星人

他们又返回原地，仔细观察着那个人各方面的特征。他们估计怪人的身高有2米多，而他放红光的眼睛则离地面大约1.8米，躯体和各个部位都显得很粗壮。

他的脑袋长在双肩之上，没有脖颈，上衣连裤服银光闪闪，将他全身裹住，上肢的各个关节都非常灵活，脑袋右侧射出两道橙红色的强烈光束，时亮时熄。有几个目击者还发现他的右臂挂着一个黑盒子，还看到在他的腰部系着一种金属腰带。

这7个目击者都看到那个怪人有着像手那样的高级触觉器，他身躯的其他肢体一直被树丛遮挡着。当那个怪人自前向后退去时，他的膝盖似乎并没有弯曲，而是相当平稳而又僵硬地移动着，他的背从来没有朝向过目击者，当这几位目击者惶恐不安地朝汽车跑去时，那人就向后退缩。

目击者听到了沉重的滚动声和其他异乎寻常的声响，当时，他们都猜想山冈上一定还有什么人在走动，他们都很想能看到那些人。

当天凌晨3时15分时，这些目击者返回村子，再找一些人来同他们一同观察。但令人遗憾的是他们在村子里没有碰上任何人，他们只得返回采石场。当他们又一次到达那里时，已是凌晨3时30分了，那个怪人已经离开了现场。

为了证明目击者讲述的真实性，意大利调查人员对几个目击者进行了催眠术，而催眠的结果与他们所说的几乎完全一致。调查人员认为这几个人是可信的，没有信口开河的可能。但那怪人走路时膝关节不弯曲，因此人们怀疑这个怪人可能是机器人，而不是外星人。

外星人对地球人并无恶意

地球在茫茫宇宙中就像沙粒一般渺小，但是，这样一个小的球体竟能引起UFO如此浓厚的兴趣，世界飞碟学者们在纳闷之余，对此提出了种种推测和假设。

美国著名飞碟专家基荷少校认为，UFO的出现不是凶兆，他列举美国军界负责人提供的理由说，UFO监视地球，不会向地球人发动进攻，原因是：

UFO对地球进行过广泛的监视，并未公开表示过恶意，这说明天外来客有一个更为庞大的计划，他们需要同地球人友好接触，但在此之前，必须要有一个较长的适应阶段。

地球周围出现的UFO数量不多，尚不足以大举入侵地球，大部分UFO仅仅是观测飞行器，它们的航速很容易甩开追捕它们的喷气式飞机。

地球人并非赤手空拳，我们有为数众多的导弹，可以追击高空的宇宙飞船。大量实例证明，UFO努力避免同地球人发生冲突，个别伤人事件应当被看做是意外的事故。

外星人对地球人的三种态度

如果外星人真的存在，那么可以想象这些智慧生物对我们可能持三种态度，我们也可以相应地确定对他们采取什么态度，并且决定回不回答他们的来电。

第一种是抱有关心，相互可以理解的态度。换句话说，外星人关心我们，对我们有好感，这是最理想不过的。外星人可以向我们提供相当尖端、相当先进的科学、技术以及其他各类情报，提醒我们不要走弯路。例如，让我们注意将来的某种科学的发展方向，千万不要做导致恶化环境、灭绝人类的事情。不过，虽然这种态度十分理想，但也有一定的局限性。

第二种态度是外星人理解我们，但不表示关心。换句话说，他们对我们怀有好意，却不帮助我们什么，尽管这种态度令人不快，但可能性却很大。

如果外星人的文明远远超过了我们地球人几千年或者更长的时间，恐怕他们将会用怀疑的目光观察我们，就像我们以同样目光看蚂蚁是否有智能一样。

第三种态度是表示关心，但不理解我们的心情。也就是说，他们之所以对我们感兴趣，只不过是出于实用的观点，比如，想尝尝地球上的美味佳肴。当然，还有一种，也就是既不感兴趣，又不理解的态度。不过，这种可能性很小，因为果真这样，几千年来，飞碟、外星人就不会频频光临地球。

三种态度的分析

若仔细分析这三种心理，克服第一种心理恐怕不十分困难；克服第二种心理有相当的困难；最难办的是克服第三种心理，因为必须加以克服的这种恐怖，还不知道它是从哪里来的。这里，让我们详细分析一下这三种态度。

首先，如果地球外的文明天体的技术水平足以发现我们的话，我们再躲藏也没有用，这并不是主要的问题。

人们认为扩大合作范围是发展自己的关键，为此我们要不断地努力。

人们也体会到，井中之蛙最终是没有前途的，所以我们多方努力，开阔眼界。

这个合作范围早晚要扩展到宇宙规模，或许现在就已经提到日程上来了。地球人遇见的外星人越是和地球人极端不同，这种接触就越是有益，越能促进地球人思想的发展。

其次地球人首先要寻求方法保存自己，逃避是无益的。高度发达的地外文明只要下决心和地球人接触，地球人躲也躲不过去，不如因势利导，从他们那儿学习更多必需的、重要的知识。并且，通过他们，地球人才能知道自身进步发展的道路还十分漫长遥远。

人类和其他外星文明相遇，意识到自己在宇宙中的地位，说不定会加速人类社会的发展。正因为这样，地球人才有必要不畏风险和外星人接触。

1989年，美国UFO专家弗朗西斯在著作中指出：和地外文明交换电讯以后，地球人很可能和高度发达的生物相遇。而且，这种相遇有助于了解自己在宇宙现状、宇宙进化阶段中所占有的位置。

外星人给地球人作检查

奇怪的红雾

1979年11月25日，37岁的布纳特先生驾车从拉舒特小城回家，路途只需3刻钟。而他却走了2个小时25分。其中另一段时间干了些什么呢？

事后，布纳特先生接受了加拿大UFO专家弗郎索瓦·鲍博的调查。布纳特先生在第一次见面时称，半路上，一个奇异的声音敲击着他的神经。在离他家只有几千米远的一个拐弯处，他感到自己的汽车被一些外星人抬起。

布纳特之所以相信这点，是因为近一年来他经常做怪梦看见自己躺在一张桌子上，接受外星人的检查。

他也曾梦见一个巨大的飞碟载着他的汽车飞向一个从未见过的世界。

被抬起后，布纳特先生看见在他的右边有一个明亮的物体，上边有红、绿、蓝光点，准备在拐角处拦住他的去路。不久他就进了封锁道路的红雾之中，几乎同时冲了出来，撞在一块路牌上。

布纳特先生下车察看四周,检查了撞坏的车前身,问题并不严重,可以继续赶路。

　　他希望尽快离开这个令人恐怖的地方,又行了至多5分钟便回到家中。

　　然而布纳特先生极其吃惊地发现,家里的时钟已是5时45分了。这是不可思议的,因为离开拉舒特是3时30分,最晚在4时15分就应该到家。其余那段时间他干了些什么呢?

丧失的记忆

　　为解开这个谜,弗郎索瓦·鲍博请催眠专家给布纳特先生进行数次催眠术。魁北克两位著名催眠术专家伊万和伊冯兄弟俩出色地进行了这次催眠。

催眠术的结果令人大吃一惊：布纳特先生当时奔驰在105号公路上。车子上方出现了一个东西，他大声对那个东西里的人喊道："让我过去！"

这时他听到一个刺耳的声音。当进入公路上的雾障时车子被劫。

布纳特先生说："我进了一个飞行器里，我的汽车也在里面。我走进一个大厅，两个像人一样的动物对我十分友好。我们用心灵感应交谈，谈得很融洽……他们叫我躺在一张桌子上。他们很和蔼，我却有点害怕。"

"那是一男一女，他们的肩比我们宽，脑袋比我们的大，眼睛也很大，鼻子扁平，皮肤粗糙，呈灰绿色，他们把一些东西放在我身上进行测试，了解地球人体的结构。"

"里边有好些仪器和表盘，每台仪器有一根线同放在我身上某个探测器联在一起。女的长得比男的秀气，但他们不像我们这么漂亮。他们很温和，不过他们想从我们这里搞一切情报，而不给任何东西……"

他在催眠状态下继续说："我还有几句话要跟他们讲：我再也不愿意跟他们在

一起，让我们这个世界安静些！我要走了，野蛮的人！你们真无理，这样待我太不应该了！你们不应戏弄我们这个世界，他们道了歉，他们态度和善，也许是我多心。我要回家，让我走！"

濒临死亡的莱伊斯小姐

在里约热内卢还流传着一段外星人拯救地球人的故事。

据了解，里约热内卢一个老板洛佩兹的女儿莱伊斯得了胃癌，她十分痛苦，她四处求医，但医生们都说她没希望了。

1957年8月，老板洛佩兹领着全家人到了佩特罗利斯附近的小农庄里，希望莱伊斯小姐在乡间的新鲜空气中会好些。可是日子一天天地过去，莱伊斯小姐病情仍无好转，她甚至连饭都不能吃了，痛苦难忍。

10月25日夜里，莱伊斯小姐病痛极其剧烈，似乎生命要走到

天外来客的踪迹扫描 外星智人搜索

尽头了。这个老板躲在一个角落失声痛哭，请来的医生也束手无策了。

突然一道强光从窗户外射进来，照亮了房屋的右侧，菜伊斯的卧室顿时像被一个光柱照亮似的。老板的儿子胡林奥率先跑到窗口，他说看见了一个圆盘形物体，这个物体上部被一层淡红夹黄的灯光包围着。

突然，圆盘飞行物上的一个自动活门被打开了，从里面走出两个矮人，他们朝菜伊斯小姐所在的房子走来。

当时天色很黑，透过飞行物开着的自动活门，可以看到圆盘形物体里边有一个微弱的淡绿色光，好像夜总会里常见的那种光。

突然出现的外星人

那两个矮人走进了我们的屋子，他们的个子矮小，大约1.2米高，比老板10岁的小儿子还要矮。他们的长头发一直披到肩上，呈深棕色，他们的眼睛又细又长，可是眼球是鲜艳的绿色。

他们的衣服为白色，看上去很厚，胸部、背部和腕部发着奇异的亮光。他们手上戴着手套的，好像拿着什么东西。他们一直走到正在痛苦中的菜伊斯小姐的床边才停下。

菜伊斯小姐睁大了眼睛，对身边的一切感到莫名其妙。这时他们谁也不敢动，谁也不说话，大家都等待着可怕的结局。

在场的人员有菜伊斯小姐、洛佩兹先生及其妻子、老板的两个儿子。

进来的两个人默默地注视了大家一阵，然后在菜伊斯小姐床前停下，把手里的东西放在床上，向洛佩兹先生做了个手势，其中一位把一只手放在洛佩兹先生的额头。

洛佩兹先生声称，这两个人的手放在他脑袋上后，自己想的东西就直接传递给了这两个人了，他立即明白，这有可能就是心灵感应。

洛佩兹通过心灵感应，一五一十地向这两个外星人介绍了菜伊斯小姐的病情。

神秘外星人施救

两位矮人开始用一种淡蓝色的白光照射在菜伊斯小姐的肚里，这种光可以透过肚皮，在场的人们都十分清楚地看见了菜伊斯小姐的全部内脏。

他们手里还有一个仪器在"嘎嘎"作响，他们用仪器对准小姐的胃，可以看到胃里的肿瘤，这个动作持续了半个小时，小姐安静地入睡了,这时,他们才走出了屋子。

但在离开屋子之前他们通过心灵感应告诉洛佩兹先生,他应该让小姐服用一个月药。

然后他们给了洛佩兹先生一个空心钢球,里面有30片白色药片,并告诉洛佩兹先生,这些药片每天服用一片,她女儿的病就会痊愈。

1957年12月,莱伊斯小姐回到她原来的医生那里检查,医生经过检查后发现,她胃里的癌细胞不见了。

> 1979年11月26日,法国巴黎的弗朗克·枫丹纳被发光的雾"吞没",地点是塞尔日·蓬托瓦兹。他声称,劫持自己的是一种长相非常奇怪的"人",他们把自己放在一张桌子上接受他们的检查。

外星人多次访问美国

外星人演员

由于美国掌握着世界上最先进的宇航技术，拥有最先进的核武器和现代化军事设施，因此，飞碟光临美国和外星人公开跟美国人接触的事例，总是多于世界上其他国家。

1982年，好莱坞著名导演史蒂芬宁格为拍摄一部反映太空战争的影片，公开招聘特技演员，结果一位外星人应试受聘。

这位应聘者在摄影棚按下自带的"微型传真机"键盘，刹那间出现了奇特景色：在漆黑的布景上，宇宙空间点点繁星，一艘从未见过的巨型外星飞船迎面飞来，越来越近。

船内外星人的面孔是绿色的，口腔很大，牙特别多，面部皱褶不停地蠕动，体内流动的液体隐隐可见，双眼毫无表情，鼓鼓突出，和人们想象中的外星人十分相似。导演非常高兴，觉得逼真极了，立即与其签订了合同。

另一位导演让这位受聘者拍摄一部古罗马宗教影片，结果也很满意。

他的神奇能力使美国中央情报局倍加警惕，在拍摄火山爆发的影片时将其拘捕入狱。

但几乎与此同时，好莱坞所有制片区忽然地震般晃动起来，人们非常害怕。当导演闻讯赶到拘留所时，这个奇特的人却在严密看守的拘留所神秘失踪。

参观外星飞船

1965年1月30日凌晨2时左右,美国加州55岁的电器技师派屈克看到一个直径20米、宽约10米的飞行体朝他飞来,并停在地球上。

他想跑但听到外星人用英语说:"我们并无恶意。"然后邀他上船。

上船后,一个男人接见了他,他看见还有七男一女,女的长得非常标致,高1.8米左右,留长发,充满活力和智慧;男子褐色短发。飞船内每个房间的墙上都布满仪表板,船员们多在认真操作。

外星人通过影像系统让他看"导航母船",看上去它像个小飞船,当时是凌晨2时至3时,而小飞船却在阳光之中,他确信高度在1000千米以上。

飞船能量就是由那小飞船传来的,同时由母船处理所有导航及在太空飞行中的一切事情。

外星人还说,只用光来作为所有的依据,也就是用能量来代表一切。派屈克问飞船来自何方,对方回答说来自一个星球,并拿出一张该飞船家乡的照片。

建筑物全罩在一半球体内,房上有窗,却看不到里面有什么,彼此离得很近。

外星人还说,他们没有疾病,没有人犯罪,也没有学校,他们的生命很长,所以生育控制很严格。

问到他们为何来地球时,回答说"仅仅是观察"。

派屈克这次参观外星飞船足足有两个多小时,下船后,一向诚实的派屈克向人们讲述自己奇特的经历时人们都感到很吃惊。

更令人吃惊的是,派屈克在20世纪60年代竟然神秘失踪了,有人称他可能坐着外星飞船去了其他星球。

五角大楼的外星人

外星人访问美国的传闻层出不穷,最令人惊奇的事情发生在美国国防部所在的五角大楼里。据外空文明研究专家的资料显示,那里曾经住着一个神秘的外星人。

这个乔装美国陆军上校的外星人在五角大楼待了几个月，他对美国的星球大战技术的发展特别感兴趣。后来，因丢掉一个隐形眼镜而被发现。这个外星人外形和正常的地球人十分相似，但是他的瞳孔像猫一样不是圆的而是斜的，所以用隐形眼镜来伪装。这个外星人没有头发，头上戴着的是一顶假发。

　　经过美国军方医疗检查显示，这个外星人有两个心脏，分别长在胸腔的两边，他的血像胶水一样黏稠，肠子由几块奇特的金属替代，骨头也比正常人的骨头细得多。在他住的房间，美国国防部官员发现了许多美国卫星探测系统和激光武器有关资料的文件副本，以及美国空军部分导弹系统的布置图。

　　另外，在他的房间里还发现了高精度太空无线电装置，这使人们很是惊讶。有人认为，外星人频频光临美国，一定是担心美国的先进宇航技术与星球太空防御系统，认为这些对他们的宇宙飞船构成威胁。

美国积极探寻外星人踪迹

　　1960年，美国射电天文学家达莱克首先开始地球外部文明探测工作。他在美国国家射电天文台利用直径26米的射电望远镜探测离我们最近的两个太阳系星球，探测波长为0.21米。随后，一些国家曾采用天文望远镜探寻外星人的踪迹，但收效甚微。

　　目前，美国宇航员正在贯彻一项探索外星智慧生命的大规模计划。科学家用带有巨型天线的射电望远镜接收下大量无线电讯号，然后通过电脑控制的新型信息处理装置，同时在13.1万个频道上进行迅速的分析和处理，将传递信息的信号与杂音立即区分开来，使观测效率大大提高。

1988年6月，一座精度更高的射电望远镜在波士顿投入工作，它的天线直径28米，可以同时在20多万个频道进行观测。

据乐观人士估计，借助先进的空间科学技术，不久的未来将可望接收到外星人的信号。

美国科学家还打算派遣由宇航员或机器人驾驶的高速宇宙飞船拜访外星人。事实上，1983年6月飞离太阳系的"先驱者10号"无人驾驶宇宙飞船，就已作为人类派出的第一位友好使者，携带着地球和太阳系的方位图以及特制的裸体男女图像，向茫茫宇宙进军。

新型航天器的研发

为了加快未来星际飞行的速度，美国科学家们正在研究新的动力装置。利用热核反应可使飞船速度达到光速的10%至20%，即到达最近的恒星只需20年左右。

被人誉为第二代航天器的光帆又叫太阳帆，是在飞船上挂起一张厚度只有大约1／100万米超薄铝箔制成的巨帆，借助太阳和其他恒星的光压飞行，而无需消耗任何燃料。

光帆通过加速度，可以在较短时间内达到可观的速度，如与激光器配合作用，还可双倍加快飞行速度。

据分析，若在绕太阳的轨道上安置一台大型激光器，就能使光帆的速度接近光速，这将大大缩短星际航行的时间。

有了成本低廉而高速的光帆，银河系就不再像原来那样高不可攀了。可以相信，人类与外星人建立起联系，为期不会太远了。

> 1984年5月14日，苏联太空实验室"礼炮6号"上的两名宇航员克华利雅诺与沙文尼克，在太空中看见了3个外星人。当两者彼此靠近时，双方都展示了各自的导航图。

外星人频繁光顾法国

倒扣着的盘子

1954年9月7日，早晨7时，住在法国索恩省的两个青年，惊慌失措地闯进当地宪兵分部，报告了刚刚目睹的一切：

这天早上，他俩正骑着自行车赶路，当行至孔台村附近时，埃米尔·雷纳尔望见距他们200米远的地方停着一个奇特的物体，其形状好像一团尚未堆完的草垛，上边还有一个转动着的圆盘。再仔细一看，它还在轻飘飘地移动着。

他不由地惊叫起来，拉着伙伴朝怪物跑去。当他们越过一段甜菜地和草坪奔到150米附近时，只见该物体突然斜飞起15米左右，然后垂直升高，消失在天空中。起飞时未发出任何响声，只是隐约觉得它释放出一缕轻微的青烟。飞在天空中的怪物呈浅灰色，直径有10米左右，酷似一个倒扣着的盘子。在以后的几天里，宪兵们接到方圆30多千米的居民们的同样报告。宪兵们当时还以为是敌国发射来的什么新式武器，因此调查得十分认真。在宪兵队的档案柜里，这是最早的一宗关于飞碟的案卷。

铁路上的黑影怪人

9月11日，一位名叫马利奥斯的冶金工人，前来向瓦朗西安的宪兵队报告：前天夜里他偶尔走出家门散步时，先看到不远处的铁路上出现了一团黑影，紧接着又发现两个身高不到1米的怪形人在院子里游荡。刚开始，他以为这是两个化装成潜水员的小孩出来偷东西,于是他就从他们后边摸过去,想捉住他们。

　　正当他接近小孩的一霎那,铁路上的黑影突然向他射来一束刺眼的强光,并把他固定在原地。他只觉得浑身针刺般的疼痛,连话也说不出来。这时,院子里的小孩大摇大摆地从他面前走过,径直向黑影走去。当他们走进黑影后,光束才熄灭,那团黑影也轻轻飞离地面30米高,然后向西飞去,消失在夜空里。过了好长时间,马利奥斯才恢复了活动能力。

　　宪兵们奔赴现场调查发现,铁路枕木上有飞行物降落时留下的痕迹,还有5处形状完全相同的陷坑,每个坑的面积0.04平方米,而且相互对称。宪兵们在后来的调查中,又发现当地许多居民在马利奥斯所说的时间里也看到一个飞行物从天空飞过,由红变淡,最后呈现白色。

频频出现的外星人

　　一个星期之后,住在摩泽尔省的一位名叫勒内·保尔的电工向当地宪兵队报告说,那天晚上21时15分,他看见有一个形似霓虹灯管的发光物体从空中飞过。

与此同时，住在61千米以外的一位名叫路易·莫尔的人报告说，他看到一个奇异的发光物从山岭的背面飞来，降落在山岭的东侧，它的体积和形状很像一辆中型轿车。这个发光物着陆后光线开始变弱，这时，他看见该物体中有一些人影在活动，一会儿发光物又呈火球状腾空而起，向东南方飞去。同是在1954年秋天，法国南部德龙省有一位妇女傍晚在树林边散步时也发现了一个怪形人。

此人个子矮小，穿一身潜水衣，但是似乎没有胳膊。这名妇女感觉非常害怕，于是赶紧往家跑。当她拼命地逃回家时，看到一个陀螺形的物体从附近的玉米地里低飞而去，不一会儿又垂直高飞，而且速度很快。宪兵队得到报告赶赴现场后，一眼就看到了留下的那些清晰的印记：在直径为3.5米的一块地上，灌木、荆棘的枝叶被弄得乱七八糟，飞行物起飞时把周围的玉米株全都吹倒。

汝拉山区出现的幽灵

引起宪兵队关注的是1954年9月末发生在法国东南部汝拉山区的一件事。那是9月27日的夜晚，天上下着大雨，住在高山地带一个名叫罗兰的农民，他的4个孩子正在堆放柴草的棚子里玩耍。

突然一阵狗叫,接着9岁的女孩尼娜从室外跑进来告诉其他孩子说,她刚才见到一个幽灵般的家伙在谷仓那里走来走去,行走时不发出任何声音。于是12岁的莱蒙立即跑进谷仓去看,但什么也没有发现。接着他打开谷仓的门朝外边张望,这下真的看见幽灵了!那家伙个头同莱蒙差不多,莱蒙顺手捡起几块石头扔过去,其中一块击中了,并发出了金属的响声。当他又拿起弹弓向怪物射去时,感到一股无形的压力把他压倒在地。直至幽灵离开后,他才又重新站起身来,接着赶紧跑回谷仓。出来帮他开门的尼娜把这一切看得一清二楚,4个惊恐万状的小孩拼命往家里跑去。忽然,4岁的柯洛德尖叫一声:"你们看呀!"

大家顺着他指的方向望去,只见150米外有一团火球在飘飞,转眼工夫就不见了。第二天,孩子们把事情经过告诉了老师,老师又报告了宪兵队。宪兵上尉布鲁斯特尔分别找这4个孩子作了个别询问后,便带人到现场去调查,在孩子们发现火球的地方,他们看到了十分清晰的遗痕。像这类留下清晰印记的发现,那几天还有数例。外星人多次来到法国,并留下许多明显的痕迹,不知他们有什么目的。

汝拉,绵延的石灰山脉连结在日内瓦湖和莱茵河之间。汝拉山区的平均海拔为700米,地形主要为高原河谷。汝拉山区恐龙化石资源丰富,恐龙盛行的远古时代由此被称为侏罗纪时期。

外星人与地球人的姻缘

陌生女人的借宿

1984年11月,在巴西圣保罗州郊外,发生了来自太空外的艳遇,这件事轰动了全球,连美国太空总署也派人前来调查和了解真相。一位来自圣保罗州的青年,名叫贝利萨里奥,25岁。11月的一天,贝利萨里奥去郊外游玩,晚上便独自在山崖公路旁露营。这里没有美丽的风景,只是附近有小溪和树林。

贝利萨里奥吃完准备好的晚餐后,搭好帐篷便早早地睡了。然而当天晚上三更半夜,贝利萨里奥在睡梦中被一阵奇怪的机械声吵醒,当他清醒后却万籁寂静。

这时从营帐外面传来娇滴滴的少女声音,说着很标准的葡萄牙语,希望贝利萨里奥能让她进去,贝利萨里奥只好起来掀开营帐。

营帐外,贝利萨里奥看见一位个子十分矮小的美女,她面貌俊秀,皮肤非常白,这名美女害羞地要求能够在贝利萨里奥帐篷借宿一宿。

贝利萨里奥疑惑地问少女,为何一人三更半夜还在荒无人烟的野外?该少女自我介绍叫玛丽纳,独自一人开车要返回圣保罗市,但车子在1500米的山间抛锚,只好借宿,明天再走。

贝利萨里奥高兴极了,他以为这是半夜飞来的艳福,荒郊野外孤男寡女两人共眠,自然花好月圆,遂成好事。

天外来客的踪迹扫描　外星智人搜索

她竟然是外星人

事后，玛丽纳要求离去，贝利萨里奥一再挽留，这位少女才道出了真相。原来玛丽纳不是地球人，而是来自太阳系以外的外星人，她已完成了他们种族交给的任务，现在已经有人来接她了，必须回去复命。

贝利萨里奥跟着玛丽纳走出营帐，发现20米外的溪畔有一只发着银光的飞碟，飞碟长约25米，高15米，飞碟的下缘还旋转地闪着红、黄、青的小灯。

这位外星人少女在登上飞碟时还回头向他挥手，而后飞碟亮光转为橘红色，立即消失在山峦间，这令贝利萨里奥毛骨悚然，站在那里迟迟不动。

贝利萨里奥随即向附近警察局报了案。第二天警察前来检视现场，在贝利萨里奥所称飞碟停放地方发现了飞碟留下的印痕和被飞碟发出光热而熏干的圆形草地，这件事立刻成了一条爆炸新闻。

外星人为什么会在人类帐篷里借宿？他们是为了获取地球人基因吗？外星人与地球人姻缘虽然只有一夜，但留给人们的却是长时间的思索。

　　或许是受外星人来人类留宿的影响，一位来自北大西洋公约组织的科学家马莱斯提出了一个新见解，他认为人类的始祖也是来自外星球。

　　他认为，大约在6.5万年前，一批有着高度智慧和科技知识的外星球人来到地球，他们发现地球的环境十分适宜他们居住。但是，由于他们没有带充分的设施来应付地球的地心吸引力，所以他们改变初衷，决定创造一种新的人种，这种新人种是由外星人跟地球猿人的结合而产生的。当时地球十分原始，最高等的生物只是猿人，尚未发现火种。

　　外星人选择具有高智力和精力充沛的雌性猿人作为对象，设法使它们受孕，因而产生了今天的人类。马莱斯提出了证据，他对最近在圣地亚哥发现的一个5万年前的头骨的研究结果表明，他的智慧远远高于今天的人类，从而推断他就是当时来到地球的外星人之一。

马莱斯认为，目前唯一的问题是找出他们来自哪个星球。他指出，安第斯山脉的巨型图案有可能是外太空船降落地球的基地。当然，马莱斯的新论断还只能是假说，因为，没有任何证据来论证他的推断。

奇异的狼人人种

据美国《世界新闻周刊》报道：在墨西哥一个偏僻的村庄里，发现了一个令人无法相信的狼人人种。科学家们闻讯后大为震惊，迅速表明要对这个奇异的种族进行研究。

这个奇怪的种族除了全身上下，包括脸部，都覆盖着黑色的卷毛以外，从各方面看都与人没有差别。

这些狼人是怎样形成的，专家们不能明确地解释。但在关于他们来源的理论中，也包括了这样一种可能性，也就是说他们是外星人的后裔。

这个种族总共有16个人，其中包括15名儿童和一名成人，共同生活在扎卡铁斯州的劳列托村里，他们都是一个名叫玛丽亚·露伊莎·迪亚兹的老妇人的子孙。但是，有关他们的情况却了解不多，这些狼人都是贫苦的农民，他们不喜欢抛头露面。

科学家们研究了遍体长毛的孩子，不少人得出结论说，他们的情况是遗传造成的。狼人家庭里的孩子，并不都是这种情况，但那些看来正常孩子，也可以在下一代中生出长毛的后代。

> **我还想知道**
>
> 1956年，意大利少女阿奎罗意外怀孕，10个月后，孩子竟不翼而飞。阿奎罗称是在一次梦到外星人后怀孕的。难道说是外星人偷偷在阿奎罗肚子里留下了受精卵，然后又偷偷地把孩子取走了？

难解的奥秘

　　埃及的金字塔、复活节岛上的奇怪石雕、神秘的麦田怪圈，以及20亿年前的核反应堆等，这些令现代人难以破解的神秘现象或书稿，为什么都与外星人有千丝万缕的联系？难道这一切都是外星人所为吗？

玛雅人是外星人吗

玛雅人有可能是金星人

玛雅人对行星运动进行了很深入的研究，尤其是对金星，在玛雅人居住过的地方，可以看到许多有关金星的铭文，并在墨西哥有3座与金星有关的建筑。

这样的建筑在其他地方还有很多，这表明玛雅人对金星非常偏爱。玛雅人在公元前后创造了象形文字，其中金星的象形文字是较早被搞清楚的，而且，玛雅人还知道8年中约有5次的金星会合的周期。

玛雅人为什么对金星有如此高的兴趣呢？最简单的回答是，金星是除太阳和月亮之外最亮的星。

由于玛雅人从地球上神秘地消失了，因而科学家对于他们的起源持有不同的观点。有人认为玛雅人可能是金星人，这种观点可以从历法上找到部分根据。

玛雅人的传统历法是一年8个月，每月20天。人们推测，玛雅人到达地球以前就在使用20

进制，但不知他们为什么使用这样的数制，我们地球人从未想到这样的数制。有人发现，在法语中存在一个例子，即80是4个20，这可能是20进制的痕迹。

他们到达地球后，为什么要继续采用一年有8个月、每个月有20天的历法呢？一般的解释是，金星公转一周为234.7天，地球公转为365.26天。

玛雅人为什么对金星了解如此全面，难道他们真的是来自金星的外星人吗？美国与苏联对金星的探测表明，金星温度很高，人类不能在上面居住，因而，他们迁徙到了地球。

玛雅文明中难以解释的现象

许多研究人员用玛雅文明中种种不能解释的现象，来证明玛雅人是外星球人，比如：德累斯顿抄本中有4次地球灭亡的记录，为什么玛雅人会知道？难道他们真的有那么神奇？他们绝对不是神，因为他们在自己的星球中观察到，并且他们星球中历史上记录过地球发生的一些重大事件。

另外，他们掌握着地球人类的发展的历史以及未来的状况，

他们的建筑物上雕刻着宇航员驾驶舱等。有专家认为，这是因为他们觉得在自己的星球上早就经历过的事情，在地球上也会朝着这方面发展。

从玛雅人的建筑物台阶来看，玛雅人的身高均在2米以上，从这点上来看完全和当今的玛雅人不是一个种族，现在的玛雅人就连自己古代的玛雅文化都搞不清楚。

当时的玛雅人全部消失后，只留下来一些建筑物，后人都无法理解这些建筑物的含义。玛雅建筑物和观察天体的位置相吻合，并且已经精确到一年四季的各个方位，说明玛雅人是来地球上观察星体的，并且在地球上生活过一段时间。

以当时的地球人能造出那么精准的建筑物并观察天体那是绝对不可能的，就连现在的科学家还难以置信当时有那么精准的历法，从这点似乎可以证明当时的玛雅人不是地球人。

德累斯顿抄本中有地球的气候和地壳变化的记录，这是当时玛雅人来地球生活中每天所观察到并记录下来的，然后把地球调查得清清楚楚，并结合自己的星球所观察到地球的状况，预言未来某个空间或时间内发生的事情。

玛雅人是中美洲地区和墨西哥印第安人的一支。又译马亚人，玛雅人。公元前约2500年就已定居今墨西哥南部、危地马拉、伯利兹以及萨尔瓦多和洪都拉斯的部分地区。

水晶头骨是外星人造的吗

水晶头骨的美丽传说

在美洲印第安人中流传着一个古老传说：古时候有13个水晶头骨，能说话，会唱歌。这些水晶头骨里隐藏了有关人类起源和死亡的资料，能帮助人类解开宇宙生命之谜。

传说还认为，总有一天人们会找到所有的水晶头骨，把它们聚集在一起，集人类大智慧于一体，发挥它们应有的作用，这个传说在美洲流传了上千年。

一直以来，人们都认为它只是一个美丽的神话或是天方夜谭而已，没有人知道传说中的水晶头骨到底是什么。从传说的内容来看，它像是一个包罗万象的信息库，也像是一部无所不知的天书，但人们对它一无所知，甚至怀疑它的存在。

许多人对水晶头骨的认识源自电影《印第安那·琼斯和水晶头骨王国》，该电影中水晶头骨是神秘外星人的头骨，这些外星人缔造了远古人类文明。

虽然在现实中考古学家并不能确定水晶头骨来自外星体，但之前13个神秘水晶头骨确实让人们迷惑不解，它们大多出现在中美洲洪都拉斯、墨西哥等地，人们将它们与神秘的玛雅文明和金字塔相联系在一起。

最著名的末日头骨

有趣的事实：13个神秘水晶头骨在世界各地散布着，其中最著名的一颗水晶头骨就是末日头骨。1924年，这颗水晶头骨被安娜·米切尔·海吉斯持有，她是从养父——英国探险作家米歇尔·海吉斯那里继承的。

1924年，米歇尔组织了一支探险队从英国利物浦出发，沿水路到达中美洲，与他同行的还有他心爱的养女安娜。探险队在当地玛雅人的帮助下，终于在今天中美洲的伯利兹荒无人烟的热带丛林中，发现了一处古代玛雅人的城市遗址。这是一座被藤蔓和大树淹没了的古城，探险队用了整整一年，才使得这座古城得以展现它昔日的风采。

安娜正在饱览风景时，她突然发现金字塔的裂缝深处有一个东西闪闪发亮。她立即告诉了养父，米歇尔带着探险队的全体成员登上了金字塔顶，把裂缝边松动的石头移开。

经过了几周的努力，终于刨开了可容一个小个子进出的窟窿，安娜只身爬入这个窟窿的底部，她突然发现一个东西照亮了她的脸，仔细一看，是一个犹如人头骨的水晶，她非常兴奋，把它带回到了金字塔顶。

安娜发现的宝物是一块通体透明的水晶头骨的上半部分，米歇尔命令队员们继续挖掘。3个月后，他们在约7米外的地方又找到了水晶头骨的下半部分，两块头骨合在一起，正好与真人头骨一般大小。

这个水晶头骨长0.17米，宽和高各是0.12米，重量是5000克，它是用一大块完整的水晶，根据一个成年女人头颅的形状雕制而成的。它做工非常细致，鼻骨是用3块水晶拼成的，两个眼孔处是两块圆形的水晶，它的下颌部分可以跟头盖骨部分相连，也可以拆开，整个构成异常精巧。

他们把水晶头骨和真正的人类头骨作了比较，发现除了眼部特征稍稍偏于人类的正常范围以外，其他参数都与真正的人类头骨相差无几……据安娜称，这颗水晶头骨的历史可追溯至3600年前，头骨的眼睛可以释放出蓝色光芒，当它摆放在计算机旁时，曾多次导致计算机硬盘崩溃。

水晶头骨是外星人留下的吗

水晶头骨都是用高纯度透明水晶制成，上面没有任何明显的工具切割迹象，它们在制作时完全没有考虑到水晶的自然轴，这在现今的科学技术也很难办到。如果将激光射入水晶头骨的鼻腔时，头骨就会发出光芒，表现出头骨的棱镜作用。

水晶是世界上硬度最高的材料之一，用铜、铁或石制工具都无法加工它，而1000多年前的玛雅人又是使用的什么工具呢？另外，这种纯净透明的水晶虽然硬度很高，但质地却脆而易碎。

科学家们推断：要想在数千年前把它制作出来的话，只可能是用极细的沙子和水慢慢地从一块大水晶石上打磨下来,而且制作者要一天24小时不停地打磨300年,才能完成这样一件旷世杰作。

2008年,由英国和美国科学家组成的研究小组使用电子显微技术和X射线结晶技术对大英博物馆和美国史密森尼博物馆内珍藏的水晶头骨进行了检测,头骨表面的详细分析显示在眼眶、牙齿和头盖骨附近有极细微旋转划痕。

很明显,这种切割打磨技术源自一种叫做旋转轮的珠宝加工设备,而古玛雅人并未掌握这种加工技术,这种工具在前哥伦布时代的美洲大陆上根本不存在。因此有人推断这些水晶头骨是外星人留给玛雅人的礼物。

这些水晶头骨是外星人留下来的吗?水晶头骨里真的蕴含着人类起源和死亡的秘密吗?越来越大的谜团笼罩着这些水晶头骨。

墨西哥的原居民阿兹特克人有用石头、骨头、木头等材料雕刻人头骨的习俗,称为死亡头。其中有一些是用水晶雕刻的,形状夸张、抽象,风格较为一致,而且一般都很小。

金字塔是外星人所建吗

埃及金字塔

埃及的金塔居世界七大奇迹之首，它的建筑雄伟壮观。当时，地球人不可能有那么先进的技术可以建造如此神奇的建筑，那么金字塔究竟是谁建造的呢？我们还是从古埃及神秘的建筑说起。直至现在，人们已发现了80座金字塔，这些大大小小的雄伟建筑，分布尼罗河两岸，其中最为壮观的一座叫吉扎金字塔，是人类有史以来最大的单体人工建筑物。

它建于公元前2600年左右,高约146米,塔基每边长232米,绕一周约1000米,塔身用230万块巨石砌成,平均每块重25吨,石块之间不用任何胶粘物,而由石块与石块相互叠积而成,人们很难用一把锋利的刀片插入两块石头之间。经历了近5000年的风风雨雨,它仍然屹然挺立,让人叹为观止。自20世纪20年代以来,一批又一批的科学工作者来到埃及,他们以惊异的目光凝视着这座不朽的建筑。

金字塔是如何建造的

建造这座金字塔需要多少劳动力?据推测建造金字塔时,埃及当时的居民必须是5000万人,否则难以维持工程所需的食品和劳力。当专家仔细研究时发现,公元前3000年全世界的人口只有2000万左右。

进一步研究的情况还表明,众多的劳动力必须在农田上耕耘以保证雕琢工地上足够的粮食,而地势狭长的尼罗河流域所能提供的耕地,似乎不足以维持施工队伍的需求。这支施工队伍少则几十万人,最多时可达百万人之多,他们之中不但要有工程人员、工人、石匠,还要有一支监护工程施工的部队、大批僧侣,以及法老们的家族。仅凭尼罗河流域的农业收成,能保证工程的需求吗?因此,人们怀疑,可能有一批不以地球上粮食为生的人在这里施工。

令人不可思议之处还在于,古埃及人用什么工具来运输神殿所需的巨大石块呢?传统的看法认为,古埃及人利用滚木运输,这种最原始的办法,固然能将庞大的石料运抵工地,但滚木需要大树的树干才能做成，而尼罗河流域树木十分稀少。在尼罗河岸分布最广、生长最多的是棕榈树，但古埃及人绝对不可能大片砍伐棕榈树，因为棕榈树的果实是埃及人不可缺少的粮食来源，棕榈树叶又是炎热的沙漠中唯一可以遮阳的材料。大规模砍伐棕榈树，埃及人等于在做自杀的蠢事，况且棕榈树干质地松软，是无法充当滚木的。

那么，埃及人很可能从域外进口木材。提这样设想的人并没想到，从外地输入木材就意味着古埃及人要拥有一支庞大的船队，渡海将木材运到开罗，再从开罗装上马车送到工地。

且不说4500年前埃及人是否拥有庞大的船队，光说陆上运输的马车,还是在金字塔建成后的900年后才出现在埃及的土地上的。因此,人们猜测,很可能有其他更先进的运输工具运输这些巨石,但在当时,地球上是不存在这些先进工具的。

金字塔内的外星人

在埃及还有一个惊人的发现,即考古学家称金字塔内藏有外星人或生物。保罗·加柏博士与其他考古专家,在研究埃及金字塔的内部设计技术时,偶然发现塔内密室中藏有一具冰封的物件,探测仪器显示该物件内有心跳频率及血压计,相信它已存在5000年了。因而,专家们还认为,冰封底上是一具仍有生命力的生物。科学家们又从该塔内发现的一卷用象形文字记载的文献获知,距今约5000年前,有一辆被称为"飞天马车"的东西撞向开罗附近,并有一名生还者。

该卷文献称生还者为设计师,考古学家相信,这个外太空人便是金字塔的设计及建造者,而金字塔是作为通知外太空的同类前往救援的标志。

但令科学家们迷惑不解的是那外太空人是如何制造了一个如此稳固、不会溶解的冰窖,并把自己藏身于内呢?关于金字塔的许多难解之谜,将会引起科学家们更大的兴趣。

> 埃及金字塔建于4500年前,是古埃及法老和王后的陵墓。陵墓是用巨大石块修砌成的方锥形建筑,陵墓基座为正方形,四面则是四个相等的三角形,因形似汉字"金"字,故译作"金字塔"。

天外来客的踪迹扫描　外星智人搜索

复活节岛上的奇怪石雕

未完成的石像

1722年，荷兰航海家雅各布·罗杰文在智利海域上航行时，发现了一个绿色的小岛，那天正好是复活节的前一天，于是就被命名为复活节岛。这个小岛距离智利海岸约有3700千米，是一个呈三角形的火山岛，岛上的居民多数为混血种人，还有不到1/3的波利尼西亚人。

1722年，荷兰人罗杰文登上复活节岛后，发现岛上生活着两种相貌奇特的人。其中，人口比较多的明显属于大洋洲的棕色人种；而另一个群体则属于白色人种。他们个子很高，毛发和胡须呈红色或黄色，耳垂戴着一些0.1米至0.15米的钩子，因而显得特别长，他们被称为长耳人，是岛上的武士阶层。

这个小岛上矗立着许多巨型的石雕人像，大约有1000座，这些石雕高大而沉重，一般都有7米以上高，有些达90多吨。

这些石雕神态各异，有些漠然站立，注视着前方，有些倒地安睡，岿然不动，还有些身首各异，残缺凋零。都是臀部以上的上半身，双臂下垂，双手按在突起的肚子上。这些雕像有的生着一双翅膀，长着鸟一样的脑袋，有些石像肩头耷拉着，光脊梁和肋骨向前突出，而肚子则完全凹陷下去，面孔奇特可怕。而有的雕像的耳朵几乎垂到肩上，眼睛突出得很厉害，目光凝重，弯着鼻子，下巴奇特额头很高，尖尖的头顶上头发稀少，两道浓密的眉毛连在一片，所有这些特征，加上他们痉挛般的表情，给人以噩梦一般的恐怖感。

雕像倒下的原因

20世纪50年代，挪威人类学家兼冒险家海伊达到复活节岛做了一次远征考古，对雕石像的人和石像倒下的原因提出了独特的见解。他的依据是古老的民间传说与物证。

传说中说，长耳人是在扎蒂基国王的率领下，于300年左右从美洲大陆的秘鲁渡海来到复活节岛。他们乘坐的船有三四根桅杆，二三层甲板，风帆的配置十分合理，一船能运载好几百人，在复活节岛上的岩洞的洞壁中也曾发现这些船的形象。

长耳人庞大的舰队在复活节岛的阿纳凯纳海滩登陆，他们在那里雕刻了一个绝妙的石头圆球，被称为海岛的黄金中心。长耳人带来了天文学、航海学、建筑学、物理学和农业科学的先进知识,"隆戈隆戈"文字,对太阳的崇拜,以及甘薯、甘蔗、芦苇、鸟类、猫、猴子等。而且石像与在南美洲发现的石像非常相似,石像上的动物都是波利尼西亚人完全不知道的。

长耳人是外星人吗

科学家相信,长耳人在岛上有着非凡的成绩,石头雕像、平台、坡道、长廊、堡垒以及在坚硬的岩石上凿出的洞穴和坑道,还有火山峰上的观象台。由此有人认为,复活节岛上长耳人来自外太空,根据传说,他们被称为维拉科哈斯人,也就是"飞人"。而且他们的长相很奇特,长着像鸟一样的双翅和特大的圆脑袋和奇大无比的环形眼睛。另外,岛上还有很多木刻的文字,使用鲨鱼齿刻写而成,有的像人,有的像鱼,有的像工具,还有的像花草树木,岛上的人称之为"说话板"。

可惜这些木板曾经遭到传教士的掠夺,遗失了一大半,剩下的也没有任何人能读懂,这些文字至今没有破译出来。海伊达指出,古代的玻利尼西亚人没有这种文字。

现代心理学倒是提出了一个有趣的见解:复活节岛非常贫瘠,没有多少动物可供狩猎,而且位置偏僻,没有仗可打,长耳人为了打发时间,于是开始雕刻巨大的石像。他们还认为，石像雕刻的是岛上土著人崇拜的神或是已死去的各个酋长或被岛民神化了的祖先等。

但是有一部分专家认为，石像的高鼻、薄嘴唇，都是白种人的典型相貌，而岛上的居民是波利尼西亚人，他们的长相没有这个特征。另外，人们在从另一个角度细细地分析，岛上的人很难用原始石器工具，来完成这么大的雕刻工程。

有人测算过，在2000年前，这个岛上可提供的食物，最多只能养活2000人，在生产力非常低的石器时代，他们必须每天勤奋地去寻觅食物，才能勉强养活自己，他们哪里有时间去做这些雕刻呢？

况且，这种石雕像艺术性很高，专家们都对这些"巧夺天工的技艺"赞叹不已。即使是现代人，也不是每个人都能干得了的，谁又能相信石器时代的波利尼西亚人，个个都是善于雕刻的艺术家呢？

既然如此，这些石像是谁雕刻成的？长耳人当时在生产力十分落后的情况下是如何创造出超出时代的文明的？长耳人是外星人吗？以长耳人奇特的长相和他们精湛的雕刻技术，人们想象他们很可能是外星人。

约12世纪时，玻利尼西亚人到达复活节岛。受到长耳人的款待，两个种族的人和平共处了一段时间后，发生一场战争。玻利尼西亚人在内奸的协助下，攻破长耳人的要塞并将其烧毁。

天外来客的踪迹扫描　外星智人搜索

麦田怪圈与外星人有关吗

最早出现的麦田怪圈

最早的麦田怪圈是1647年在英格兰被发现的，当时人们也不知道这是怎么一回事，并在怪圈中做了一副雕刻。这幅雕刻是当时人们对麦田怪圈成因的推测，当时的麦田圈呈逆时针方向。

麦田怪圈常常在春天和夏天出现，遍及全世界，美国、澳大利亚、欧洲、南美、亚洲，无处不在。事实上，世界上只有我国和南非两个国家没有发现麦田圈。截至目前，全世界每年大约要出现250个麦田怪圈，图案也各有不同。

发现最早的麦田怪圈插图见于1678年的古书。《割麦的魔鬼》画中一个恶魔手持镰刀在麦田里做圆形的图，此图作为17世纪就存在怪圈的证据。不过插图显示魔鬼并没有让麦子弯折，而是割掉所以跟麦圈又有点不同。

全世界不断发现麦田怪圈

自从20世纪80年代初期以来，已经有2000多个这种圆圈出现在世界各地的农田里，使科学家和大批自命为农田怪圈专家的人大惑不解。起先这些圆圈几乎只在英国威德郡和汉普郡出现，但近年来，在英国许多地区以及加拿大、日本等10多个国家，也有人发现这种圆圈。

这种圆圈越来越大，也越来越复杂，渐渐演变成为几何图形，被英国某些天体物理学家称之为"外星人给地球人送来的象形字"。例如：1990年5月，英国汉普郡艾斯顿镇的一块麦田上出现了一个直径20米的圆圈，圈中的小麦形成顺时针方向的螺旋图案。在它的周围另有4个直径6米的卫星圆圈，但圈中的螺旋形是逆时针方向的。

1991年7月17日，英国一名直升机驾驶员飞越史温顿市附近的巴布里城堡下的麦田时，赫然发现麦田上有个等边三角形，三角形内有个双边大圈，另外每一个角上又各有一个小圈。

1991年7月30日，威德郡洛克列治镇附近一片农田出现了一个怪异的鱼形图案，在接着的一个月内，另有7个类似的图案在该区出现。

可是，最令世人感到震惊的，莫过于1990年7月12日在英国威德郡的一个名叫阿尔顿巴尼斯小村庄发现的农田怪圈了。有1万多人参观了这个农田怪圈，其中包括多名科学家。

这个巨大图形长120米，由圆圈和爪状附属图形组成，几名天体物理学家参观后发表了自己的感想，他们认为：这个怪圈绝对不是人为的，很可能是来自天外的信息。见过UFO照片的科学家认为，小麦倒地的螺旋图案很像是由UFO滚过而形成的。

科学监测麦田怪圈形成

1991年6月4日，以迈克·卡利和大卫·摩根斯敦为首的6名科学家守候在英国威德郡迪韦塞斯镇附近的摩根山顶上的指挥站里，注视着一排电视屏幕，满怀期望地希望能记录到一个从未有人记录到的过程：农田怪圈的形成经过。

他们这个探测队装备了总值达10万英镑的高科技夜间观察仪器、录像机以及定向传声器。他们那具装在21米长支臂上的"天杆式"电视摄影机，使他们可以有广阔的视野。

他们之所以选择侦察这个地区，是因为这一带早已成为其他研究农田怪圈人员的研究对象，仅仅几个月内，这一带就频繁出现了10多个大小不一的农田怪圈，引起了研究人员的浓厚兴趣。

他们等待了20多天,屏幕上什么不寻常的东西都没有看到,到了6月29日清晨,一团浓雾降落在研究人员正在监视的那片麦田的正上方。他们虽然看不见雾里有什么,但却没有将摄影机关闭而是继续开动着。

到了早上6时,雾开始消散,麦田上赫然出现了两个奇异的圆圈。6位研究人员大为惊愕,立即跑下山来仔细观察,发现在两个圆圈里面的小麦完全被压平了,并且成为完全顺时针方向的旋涡形状。麦秆虽然弯了,但没有折断,圆圈外的小麦则丝毫未受影响。

为了防止有人来弄虚作假,探测队已在麦田的边缘藏了几具超敏感的动作探测器。任何东西一经过它们的红外线,都会触动警报器,但是警报器整夜都没有响过。在麦田泥泞的地上,没有任何能显示曾有人进入麦田的迹象。录像带和录音带没有录到任何线索,那两个圆圈似乎来历不明。

麦田怪圈的形成原因

这些麦田怪圈是怎么形成的呢？科学界的专家们争论不休。一般来说，专家们的论点可以分为4种：人为形成说、等离子体涡旋说、磁场说和外星人制造说。

人为形成说。相当一部分人认为，所谓麦田怪圈只是某些人的恶作剧。英国科学家安德鲁经过长达17年的调查研究认为，麦田怪圈有80%属于人为制造。

他认为，麦田怪圈是一些艺术家在黑暗掩护下制造的杰作。这些图案通常是他们喜欢的设计和当天早些时候草拟出来的，等到晚上的时候再到麦田进行绘制。

等离子体涡旋说。从20世纪80年代以来，英国《气象学杂志》编辑、退休物理学教授泰伦斯·米登已审察过1000多个农田怪圈，并就2000多个怪圈编制了统计数字，希望能找到符合科学的解释。

他相信，真正的农田怪圈是由一团旋转和带电的空气造成的。这团空气称为"等离子体涡旋"，是由一种轻微的大气扰动形成的。

伦斯·米登解释道：风急速地冲进小山另一边的静止空气，产生了螺旋状移动的气柱，接着，空气和电被吸进这个旋转气流，形成一股小型旋风。当这个涡旋触及地面，它会把农作物压平，使农田上出现螺旋状图案。

磁场说。有专家认为，磁场中有一种神奇的移动力，可产生一股电流，使农作物平躺在地面上。美国专家杰弗里·威尔逊研究了130多个麦田怪圈，发现90%的怪圈附近都有连接高压电线的变压器，方圆270米内都有一个水池。

由于接受灌溉，麦田底部的土壤释放出的离子会产生负电，与高压电线相连的变压器则产生正电，负电和正电碰撞后会产生电磁能，从而击倒小麦形成怪圈。

外星人制造说。很多人相信，麦田怪圈大多是在一夜之间形成，很可能是外星人的杰作。据说，很多出现麦田怪圈的地方也会出现UFO。因此，有人认为麦田怪圈是地球以外高智慧生命体留下的记号，希望地球人类以同样的高智慧去消化这些讯息；也有人认为是地球上有奇异力量的人想通过麦田怪圈与天外沟通。

这些麦田怪圈到底是如何形成的？和外星人有没有关系呢？这还要依靠科学家们未来的研究来解释。

> 麦田怪圈是在麦田或其他农田上，透过某种力量把农作物压平而产生出几何图案。此现象在1970年后才开始引起公众注意。麦田圈中的作物平顺倒伏方式并不是人力压平所能做到。

不懈的探索

　　自从发现外星人的信息,地球上的有关人士就对其进行了不懈的探索和长期的研究,但由于缺少第一手资料,对外星人的研究至今都还停留在传说和追忆中。那么,地球真的有外星人吗?他们到底居住在哪里?他们是如何生活的?这一切恐怕还需要更多的人来探索和研究。

地球上真有外星人吗

其他星球适合孕育生命吗

哈特博士是一位天文学家,他对UFO的存在持怀疑态度,他在《外星人——他们在哪儿?》一书中指出:"在具备所有适宜生存条件的星球上,形成生命的可能性远远低于1/1000亿,这就意味着,在亿万个星系中仅有一个可以居住人的银河系。"

他又指出,在银河系中,地球上的人类是唯一的生命,地球上生命的存在是不同寻常的巧合,在我们能到达的范围内不会再有另外的人类了。

但是,生命会不会以其他的一些形式生存于银河系呢?研究过这类问题的科学家们都认为,由于其化学及物理特性,一般说很难形成,我们的地球与太阳相对来说是年轻的。

计算表明，如果有外星人存在，那么外星文明世界应该在很久之前就已发展起来了，而且至少在1亿年前就到过地球或其他地方了。如果我们的太阳系有天外来客作过短暂的访问，我们应该在月球上发现他们的踪迹，因为那里没有风化作用，其踪迹不会被腐蚀掉。

目击UFO可能是精神恍惚

否定UFO存在的一些学者给一些UFO目击者和绑架事件作了一些合乎情理的解释。据加利福尼亚州立大学的英语教授阿尔文·劳森研究，那些声称曾登上UFO的人可能是经历了某些常见的精神恍惚症状，那些脑海中想象出来的画面被这些人当成了自己亲身经历的事情。

他召集了20位对UFO毫无特殊兴趣的自愿实验者，让他们在催眠状态下想象他们被绑架上UFO的过程，并让他们画出外星劫持者的草图。实验结果证明，这些想象的图画和人们实际上报告的那种UFO上生灵的形象非常接近。

另外，关于与UFO接触的报告和各种不同的精神及心理现象，如吸毒引起的幻觉、临终前在病床上对死后的梦遇等，均有相似之处。那些所谓的被绑架者和自愿做催眠实验者报告的UFO生灵分为六种类型：人、类人体、动物、机器人、外来人、鬼怪。这项研究说明，那些称自己被绑架的人至少是经历了梦幻、临终前的幻觉或精神变态，他们没有撒谎，但他们的经历并不是真实的。

劳森教授对曾报告6次遭遇UFO的布莱恩·斯科特进行了实验，处于催眠状态的斯科特报告说："在一次邂逅中，他先被麻醉，然后被送上了UFO，3米多高的大门被轰开，一个两米多高的生灵给他剥光衣服，把他放到一个大房间里。在那里，外星人化验尿样，吸取胃液，移去心脏，然后又重新装上。"这种描述是登上UFO的典型描述。

人为假造的UFO

詹姆斯·奥伯格是一位参与美国国家航天局航天工程的航

天科学家，他的著作有《红星入轨》、《不明飞行物与太空奥秘》、《火星使命》以及《太空新竞赛》。奥伯格曾在书中披露，UFO迷们是如何依靠骗局、欺诈以及广告的花招来赢得社会对他们的信仰和尊重。

例如，一位英国物理学家在远处的山坡上放置了一盏紫色闪光灯后，又悄悄地混入爱好观察UFO的人群之中。当这位物理学家启动闪光灯，使其一明一暗时，设在观察处的"磁探测器"马上响起报警铃。

这位英国科学家还带着一台照相机，内装拍摄好的与UFO相似物的已冲洗好的胶卷，然后，把照相机递给一位有名望的UFO研究者。经过这位研究者的数次分析之后，这些胶卷竟完全被称为真品。许多目击者也有声有色地、争先恐后地向一群新闻记者描述他们所看到的情景，等过了两年多，这位英国科学家才承认这是在开玩笑，但这时"UFO目击记"早已妇孺皆知了。

UFO怀疑论者的证据似乎也很充分，全世界有很多人都目击过一些不明飞行物和一些奇怪的人，但这些事毕竟没有得到科学的考证，无法完全立住脚。世界上是否存在外星人？这只能等待先进的科学去证实。

《航空周刊和航天技术》杂志的记者菲利普·克拉斯调查数百件著名的UFO事件，他说："没有任何一个事件能使人相信有来自外星的飞船访问过地球，也没有一个UFO的证据能够站得住脚。"

外星人在地球上隐居

了解太阳系的土著人

1987年，到非洲卡伊尔进行科学考察的7名科学家无意中闯入一个与世隔绝的古老部落，发现部落的人们和外界的各种人种都不大相同。

这个部落一共有162人，他们身高0.9米至1.5米，脑袋上大下小，形成三角形的样子，眼睛只有一条线，鼻孔很大。他们的胳膊很长，4根指头，在手腕处有一根已经退化的指头。

在相处了一段时间后，这些科学家惊奇地发现，这些原始部落的人们对太阳系竟然十分了解。他们知道太阳系一共有八大行星，都围绕着太阳转动。在这样的原始部落他们是怎样得知太阳系的消息的呢？

据该部落的首领介绍，这些信息都是从上一辈人的口中得知的，他们并没有亲眼见过太阳系。这些人还告诉科考队员一个惊天秘密：据说在170多年前，曾经有一艘来自火星的飞船降落在这里，并与这个部落的先祖生活在了一起。

在这个部落的祭坛上，科考队员还发现了一些神秘刻画，还有一些破旧的科学仪器。

来自外星的天狼星后裔

1977年,一本《天狼星之谜》畅销世界,该书中指出,世代居住在西非的多贡人其实是天狼星人的后裔。

这些世代居住在多贡的人们早在20世纪40年代的时候,就向人们详细地描述了天狼星伴星,而这颗神秘的伴星直至1970年才完全露出了它的真面目。

据这些多贡人讲,他们祖先乘坐着巨船来自天上,后来到这里定居,并与附近的居民交叉繁衍后形成了现在的民族。

多贡人玄学的思想体系要比绝大多数的其他非洲民族来得更为抽象,这方面包括给自然物命名,为善除恶加以拟人的说法,给多贡人性格的精神实质作出定义等。

多贡人的宗教生活届时要举行仪式,仪式要在天狼星出现于两座山峰之间时举行。举行这种仪式的原因,据说是大约3000多年以前,曾有若干两栖类自天狼星来到这里和他们形成了现在的民族。

这些报道是真是假还需要进一步认定,但在一些古老民族中确实存在着今天人们都自叹不如的知识和技术。他们的智慧是不是来自外星人呢?他们是外星人在地球上的后裔吗?

> 天狼星是夜空中最亮的恒星,距太阳系约8.6光年。天狼星实际上是一个双星系统,其中包括一颗主序星和另一颗暗白矮星伴星。天狼星属大犬座中的一颗1等星,在中国属于二十八星宿的井宿。

外星人不愿接触地球人

智能差异造成交流困难

外星人总是出现在人迹罕至的沙漠、海洋地带,或者是在崇山峻岭中,或者是在茂密的森林中。难道他们不愿与地球人相互往来吗?他们为什么不愿与地球人直接接触呢?

要解释这些问题,还是让我们从宇宙的演化说起。

在宇宙、生物和文明的演化过程中,主要经过以下几个步骤:宇宙混沌形态、非生物形态、有生命形态、智能形态。我们称这一过程为宇宙形态长链,而生命形态和智能形态的主要区别就是人脑。

人脑不同于普通动物的脑，就是由于它已由低级阶段进化到了高级阶段。脑具有巨大的存贮量，在精神的支配下，脑是完成智能生物思维、意识的有力工具。

人的遗传因子DNA携带了人的自我体能、自我意识能力等信息，以完成完善的自我延续和复制。然而，在这一长链的演化过程中，当智慧还没有达到一定高度时，还是无法抗拒天灾、地震等自然灾害，所以容易使演化中断。

但要想使大脑演化加快，只靠自然演化不行，还必须施加人工外部激化，从而实现进入人工演化阶段，这样才能大幅度提高智慧和智能。

地球人与外星人目前尚处于两个不同的演化阶段，即存在着智能差异。

这样，它们之间就存在着思维鸿沟和联系障碍，因此，外星人不愿与地球直接接触和往来便是情理之中的事情。

外星人也有自己的顾虑

那么外星人既然来访地球,他们又有何顾虑呢?我们可以作如下设想:

他们主要是来采集地球植物、地理岩石等标本,抓获动物和人类进行生理解剖试验和医学遗传等研究的。

一句话,他们是为了探测和了解地球及生物圈,而不是与人类接触的。

外星人可能怕泄露他们的先进科学技术,因为他们了解地球人目前的思想素质,贪心多于博爱,总是钩心斗角。他们怕地球人掌握了他们的先进技术后用于军事,从而造成战争或对外星人自身构成威胁。

外星人对地球人进行善意的诱导。通过外星人的行为、UFO先进科技等对地球人进行开化引导,刺激地球人的思维以促进地球人人工演化进程,尽早达到高智能和超智慧阶段。

如果果真如此,外星人可谓用心良苦,只对UFO这一课题的研究,就足以开化地球人的思维和开发地球人的智力了。对地球怀有侵略的野心,现在只是进行侦察,这种可能性不是没有。既然是侦察兵,自然就不愿暴露身份与地球人接触了。

对于外星人来讲,称地球为"一类动物"是比较恰当的,就像地球人把大熊猫看作是一类保护动物一样。来自遥远宇宙一角的外星人,看到地球天蓝水碧,物产资源丰富,的确是一块风水宝地。

然而,目前地球生态环境受到破坏,灾害不断,疾病多发,为了不使地球人受到干扰或灭绝,他们如同保护"一类动物"一样将地球人划为宇宙保护区,严加管理和保护。但这些"管理员"并不经常与被保护者接触交往。抓获和邀请个别地球人上飞碟,那只是好奇或进行实验。

我还想知道

美国新墨西哥州的小镇罗斯威尔发生一起神秘事件,一名叫菲利普·科索的美军上校说,有一艘UFO坠落在这里,他还看到了从罗斯威尔坠毁地点拉回的外星人的尸骸。

外星人抹去地球人记忆

外星人挟持人类事件

外星人与地球人接触以后，都要为他们洗去记忆，似乎不想让地球人知道他们在干什么。

美国不明飞行物共同组织的人类生命体研究组有一份报告，记载着世界各地著名的劫持事件共166起，这些事件的10%与不明飞行物直接有关。该研究组的一位负责人戴维·韦布是一位物理学家，他在谈到这类劫持事件的某些特点时说：

> 不明飞行物乘员会在飞行物内对被劫持人进行医学检查，他们往往使被劫持的人患健忘症，他们在劫持者与被劫持者之间进行着一种难以理解的联系，使被劫持者全身瘫痪。

拥有可靠证据的劫持事件半数以上都发生在美国，其次是巴西和阿根廷。在这些劫持事件中，除了几起分别发生在1915年、1921年和1942年外，其他的事件都发生1947年以后。

从1965年起，这类事件不知什么原因一下子增多了。美国不明飞行物共同组织收集到的案例都发生在1970年至1975年，这5年共有80多起，占总数的53%。

被洗去记忆的被挟持者

令人更加难以想象的是，这类已知的事件仅仅是劫持事件中的一小部分而已。那么，为什么大部分的劫持事件没有被披露出来呢？主要是由于大多数被劫持的人事后都回忆不起自己的那段不平常的遭遇了。

当这些人能够神志清醒地回忆起自己曾经看到过一个不明飞行物时，他们头脑中的劫持情节却奇怪地消失了，这些被劫持者总依稀觉得劫持的情节好像故意从他们头脑中消失掉了。

他们所能记起的，只是无法解释的时间上的漏洞，即有几分钟或几天时间，他们自己也不知道去了什么地方。

目前，学者们在调查劫持事件时，一般都要对被接触者进行催眠术。哈德博士经常使用这种方法，他是用催眠术来调查不明飞行物劫持事件的先驱，也是有幸于1968年7月，在美国科学与宇宙航行学委员会上阐述不明飞行物问题的6名科学家之一。

唤起记忆的时间倒退法

美国怀俄明大学的心理学副教授利奥斯普林科尔博士，也是一位著名的使用催眠术来研究这类劫持事件的学者。斯普林科尔博士曾率领一支由私人与官方资助的调查组对以上两案例进行了调查。从1962年起，这位博士成为康登委员在空中现象研究会研究员。

哈德博士和斯普林科尔博士认为，使用催眠术的时间倒退法是最有效的方法，是唤起被抑制的记忆以及证明目击者报告真实性最为可靠的方法。他们的这种方法在许多年后，仍然能够得到验证。

1986年9月16日20时30分，在法国上比利牛斯省阿鲁隆山口的奥尔河畔，52岁的渔民阿尔贝·莫里斯正在河里打鱼。忽然，两个圆盘状的飞行物从翻滚奔驰的乌云中迅速朝山口降下，在离地面近千米时，两个圆盘底部射出一道橘红色的光，阿尔贝·莫里斯便昏倒了。

路过的行人将昏倒在岸边的阿尔贝·莫里斯送到了医院，经过医生的催眠，莫里斯想起了自己晕倒后的一些事情：

莫里斯被吸入了一个圆盘状的飞行物中，几个矮小的怪人将他放在一个仪器下进行了全身检查。待身体检查完后，他们又把他送出了那个奇怪的飞行物外。后面的事他就记不得了。

哈德博士认为，使用催眠术来获得准确的信息可能会遇到困难，他说："首先，许多曾见到过不明飞行物、乘员的人会记忆自己的那段经历，有时，一种不真实的回忆会取代真实的回忆。但是，如果几位接受催眠术的目击者回忆起来的情节都一样的话，我们就应当慎重对待了。因为处于催眠术状态的目击者，他们的心理是不可能欺骗得了反询问的，在催眠状态下，不可能有人能欺骗我。"

哈德博士认为，被劫持的人不一定都是些具有专门特长的人，各个民族和各个人种都有被接触者。然而，一般地说，被劫持者的智能要比普通人略微强一些。

那么，这些类人生命体将地球人劫持到不明飞行物上后，为什么要对他们进行各种各样的医学检查呢？他们为何要给地球人洗去记忆呢？这些问题，还是一个尚未揭开的谜。

在过去五十年间，数千美国人声称遭外星人绑架。这个数字远远高于其他国家。但是，尚没有任何可靠证据能证明外星人曾来过地球！至于外星人的长相，很难给出准确的回答。

天外来客的踪迹扫描
外星智人搜索

神秘信号是外星人发的吗

明亮刺眼的不行飞行物

1942年3月25日的深夜，天空黑沉沉的，没有一丝光亮，德国一个城市的上空突然出现了一个闪光的不明飞行物。当时，英国皇家空军战略轰炸机大队的波兰籍突击队员罗曼·索宾斯，奉命驾驶飞机偷袭德国这个城市。在漆黑夜色的掩护下，罗曼·索宾斯很快就完成了任务。接着又驾驶着飞机迅速爬升到5000多米的高空，向英国的空军基地返航。一个多小时后，罗曼·索宾斯驾驶的飞机就飞离了德国的领空，脱离了危险地带。

机舱内不时传出几声爽朗的笑声，伴随着飞机的轰鸣声在夜空中飘荡。这时机关炮手突然发出了警报："后面有不明飞行物跟踪！"罗曼·索宾斯急忙问道："是夜空猎手吗？""不是，机长先生。"

炮手回答说，"它不像是一架飞机，没有清晰的轮廓，但特别明亮刺眼！"过了一会儿，飞机上所有的人员都看到了这一奇怪的飞行物，这个奇怪的飞行物闪烁着耀眼的橘黄色的光芒。罗曼·索宾斯果断地下令道："大概是德国人制造的什么奇怪玩意儿，用火炮击落它！"

飞行物竟然不怕大炮轰炸

眼看飞行物离飞机只有150米了，只听"轰隆"一声！火炮击中了不明飞行物。可发生的事情却使罗曼·索宾斯和他的伙伴

们瞪大了惊恐的眼睛,他们简直不敢相信眼前发生的事情:

不明飞行物面对火炮的进攻似乎毫不畏惧,没有作出还击,也没有什么反应,依然不紧不慢地跟在后面。罗曼·索宾斯和他的伙伴们感到非常惊奇,他们停止了射击。罗曼·索宾斯诧异地望着这个橘黄色的飞行物,一道刺眼的亮光从这个飞行物射向飞机。似乎是见飞机上没什么反应,大约15分钟后,不明飞行物突然急速升高,以极快的速度消失了。

天空中常常有光亮或者发光的物体,这并不奇怪,奇怪的是这个不明飞行物连大炮都不放在眼里,而且它还好像受智慧生物控制,难道这个智慧生物就是外星人吗?

> 早在20世纪70年代,科学家就开始计划与外星人建立联系,起初是通过发射宇宙探测器,同时还发送一些包含编码和图像的信息,但迄今人类尚未收到来自外星人的只言片语。

我还想知道

英国有位外星人磁铁

初识外星人

据英国《太阳报》报道，英国女子布里奇特·格兰特称，自己在40年间曾见到过17次UFO和外星人，包括5次近距离接触。她可能是世界上见到外星人次数最多的人了，因此有人把她称作外星人磁铁。格兰特称，自己第一次见到外星人是在她7岁那年。当时她正要回家喝茶，路上碰到一个和自己年龄差不多的小女孩，从小女孩的眼睛可以判断她是一个中国人。

这个小女孩将格兰特带到家里参观她家的房子，并向格兰特展示了香港钞票。但当第二天格兰特再次去找这个小女孩玩的时候，已经找不到那栋房子了，在那栋房子出现的地方竟是一片荒野。

一些UFO专家认为，格兰特遇到的可能是外星人。这个外星人可能屏障了格兰特的记忆，让她把外星人看成了中国人，把外星飞船看成了她家的房子。

成年后与外星人接触

很多人都将格兰特的这次遭遇

外星人当作是她年少的幻想，然而就在格兰特成年之后，她又遇见了外星人。

1993年，格兰特正在洛杉矶当发型师，在一个度假旅馆附近，格兰特看到了一个反射着银光的的圆形金属飞行物体。这个金属飞行物直径有15米，高3米，机身上看不见任何翅膀或者排气孔。

忽然，这个不明飞行物闪过一道橘黄色的亮光，一个穿着银灰色衣服的小人从这个物体里飘出。这个小人身高有0.9米，身上的衣服和现在的宇航服很相似，严密的头盔遮住了他的相貌。

当时格兰特吓呆了，只知道愣愣地看着这个从天而降的外星人。这个外星人只是远远地向格兰特招了招手，然后便乘飞船飞走了，这时候格兰特才意识到，自己又见到外星人了。

现在，格兰特已经回到英国德文郡，并组建了一个协会，寻找和她有着类似经历的人，以便更好地解释这种现象。

很多见过外星人的地球人都有过与格兰特相同的经历，他们不明白外星人为什么要找他们，也不明白外星人到底对他们都做了些什么。一般事件发生后，人们采用医学催眠术来使这些人回忆起漏洞的时间内所发生的事情，但这种方法并不一定都能取得满意的效果。

法国一个叫德克·富勒姆的人也曾10多次见过外星人。富勒姆是从自己47岁开始见到外星飞船和外星人的，并有幸曾到外星人的飞船上做客和参观，但当他后来想把此事写成书时，却意外死亡。

图书在版编目（CIP）数据

天外来客的踪迹扫描：外星智人搜索 / 韩德复编著. -- 北京：现代出版社，2014.5
ISBN 978-7-5143-2645-1

Ⅰ．①天… Ⅱ．①韩… Ⅲ．①地外生命—普及读物 Ⅳ．①Q693-49

中国版本图书馆CIP数据核字(2014)第072348号

天外来客的踪迹扫描：外星智人搜索

作　　者：	韩德复
责任编辑：	王敬一
出版发行：	现代出版社
通讯地址：	北京市定安门外安华里504号
邮政编码：	100011
电　　话：	010-64267325　64245264（传真）
网　　址：	www.1980xd.com
电子邮箱：	xiandai@cnpitc.com.cn
印　　刷：	汇昌印刷（天津）有限公司
开　　本：	700mm×1000mm　1/16
印　　张：	10
版　　次：	2014年7月第1版　2021年3月第3次印刷
书　　号：	ISBN 978-7-5143-2645-1
定　　价：	29.80元

版权所有，翻印必究；未经许可，不得转载